湛庐 CHEERS

与最聪明的人共同进化

HERE COMES EVERYBODY

CHEERS
湛庐

跳出
仓鼠之轮

ON EST FOUTU,
ON PENSE TOUJOURS TROP

[加] 谢尔盖·马奎斯 著　　刘金花 译
Serge Marquis

浙江教育出版社·杭州

测一测

你知道如何停止精神内耗吗?

- 现代社会，人们应该增加自我关注吗？
  A.是
  B.否

- 一个人真实的自我等同于：（单选题）
  A.他的想法、意见和信仰
  B.他的谈吐和见解
  C.他拥有的房子、车、首饰、衣服……
  D.他的能力的总和

- 当听到诸如"你真胖！"或"你的作品真烂！"这样的言语攻击时，如何应对才能保持好心态？（单选题）
  A.立刻回击
  B.假装听不见
  C.理性看待，把情绪"赶走"
  D.邀请对方举例说明，并好好讨论

扫码加入书架
领取阅读激励

扫码获取全部
测试题及答案，
做自己的解压专家

扫描左侧二维码查看本书更多测试题

前言

你能分清是思考
还是胡思乱想吗

20 世纪 80 年代末，7 岁的玛丽安娜带我参观了她的动物园。

玛丽安娜是我挚友罗伯特的女儿。她非常喜欢动物，于是她父母满足了她想拥有一个属于自己的动物园的愿望。"来看看我的动物园吧！"她在一个聚会上向我发出了邀请。

我应邀来到了一个房间，在那里我看到了一只天竺鼠、一群鱼、几只鸟、一只

跳出仓鼠之轮 ON EST FOUTU, ON PENSE TOUJOURS TROP

蜥蜴和一只仓鼠。我依稀记得当时在黑暗处还看到了一些别的动物，似乎是些昆虫。

当天，那只仓鼠吸引了我所有的注意力。我在笼子前屏息凝视着那只仓鼠，它在齿轮上奔跑的样子，像极了正在被某个无形的捕食者追赶着逃命。我感觉它绝望、迷茫，几乎筋疲力尽。我问玛丽安娜，它是否会时不时停下来歇一歇。小女孩一动不动地盯着仓鼠，回答道："它只是偶尔会停下来。它好像更喜欢这样，几乎一刻不停地奔跑，无论是早上、中午还是晚上。特别是在晚上，它跑得尤其带劲儿。"就在那时，我第一次在自己的头脑中看到了它——那只仓鼠。

就在那一刻，在7岁的玛丽安娜的动物园里，我看到了人类痛苦的根源，确切地说是人类大部分痛苦的根源：我们的头脑中有一只小怪兽在奔跑。

我还记得那次参观发生在1987年9月的一个晚上。

奇怪的是，在那之前，我从未察觉到自己头脑中这只小怪兽的存在，只是觉得头脑中一直冒出各种想法，而我对这个情况早已习以为常，就像有些人习惯了楼上经常传出的噪声一样。

想象一下，你家楼上24小时不间断地发出各种噪声，从你搬进来起一直如此，你也从未想过它会有所改善。对你来说这实在太司空见惯，就像狗看到陌生人靠近会狂吠或者鸟儿会在春天

前言　你能分清是思考还是胡思乱想吗

来临时歌唱一样，没有人会觉得有必要去改变这些。你也从来没想过试着敲开楼上邻居的门，看看噪声的来源，甚至你对此一点儿也不感到好奇！因为你觉得这个声音熟悉得就像自己的心跳一样，俨然变成了生命的一部分，所以你没有采取任何措施试图将它叫停。你甚至还可能担心它消失："天哪，噪声停了！糟糕，天花板要塌了？要发洪水了？电力系统就要瘫痪了？屋子里进了小偷，他们切断了电源？楼上的邻居被谋害了？"你因为这个噪声的突然消失开始想象各种不幸事件。

在参观玛丽安娜的动物园之前，头脑中的杂念对我来说就是人类思想意识的一部分。我从未质疑过脑海中不停出现的那些判断、批评、指责、侮辱、比较、喋喋不休、诋毁等所谓的被称为"想法"的噪声。因为这些"想法"，我一会儿妄自菲薄，一会儿妄自尊大，看不起倚老卖老的老年人，瞧不上地铁里计较的年轻人，嘲讽足球运动员。任何让我感到不舒服的因素都会引起我的吐槽，连鞋里的小石子也会困扰我。对我来说，这些想法一直存在，十分正常，就像肾脏或心肺一样一直都在不停地工作。我一直认为这些喋喋不休的想法就像呼吸一样自然。

然而，就在1987年9月的那个晚上，一切都发生了改变。我看到了那只仓鼠，就是我头脑中的小怪兽！

因为这个发现，我十分激动，忍不住对玛丽安娜说："你刚刚送了我一份非常棒的礼物！"听到我的话，她开心了很久，仿佛明白我在说什么。或许她也知道，她的动物园有治愈心灵的功

III

效，里面的每一只动物都是十分优秀的疗愈师。

无论是过去还是现在，我都很感谢玛丽安娜。如果没有她对动物的喜爱，我可能永远都不会明白，原来对北极熊、猩猩、海龟，以及地球上其他濒危生物构成最大威胁的就是我的愚蠢。我之前居然一直认为，仓鼠在头脑中不停奔跑而产生的思想躁动十分正常，如同肾脏净化血液或肝脏分泌胆汁一样。当我站在仓鼠笼前，我终于意识到，我们虽然不能亲眼看到血液循环或胆汁分泌的过程，但是我们可以察觉到头脑中那只小怪兽的奔跑，并将自己从中解放出来。这是我们唯一能避免自己失去理智的方法，也是唯一能让自己洒脱生活的方法。

多亏玛丽安娜，我才明白了什么是真正的自由。自由并不意味着想做什么就做什么，这是在提到权利、自由这些概念时，人们对自由一词的普遍误解。真正的自由意味着不再受头脑中仓鼠的摆布，不再让我们的生活被自我意识控制。

自我意识是什么？

世界上关于自我意识的评判不在少数，但这些评判大多时候都是在抱怨别人的自我意识："他真让我无语！瞧他那副趾高气扬的样子，整个世界都为之汗颜。难道他自己就没意识到这一点吗？还有那个女的，没有公主命，却一身公主病，不管你跟她说什么，她总是一副高高在上的样子，不知道在清高什么！"

前 言　你能分清是思考还是胡思乱想吗

是谁在做评判？这些评判又是出于何种恐惧或需要呢？

我认为有必要思考上面这个问题。为什么呢？原因只有一个：为了进入自我意识的世界，探究它的构成，了解它的日常活动。非暴力沟通研究专家马歇尔·卢森堡（Marshall Rosenberg）曾经说过："对他人的批评实际上间接表达了我们尚未满足的需要。"是的，然而具体是哪种需要呢？到底是一种真正意义上的需要，还是一种自我意识的需要？

比如，表达的自由到底是仓鼠提出的还是理智提出的？当仓鼠张牙舞爪地要求得到羞辱他人的权利以取悦看客时，我们就深陷于自我意识的世界里，也就是说，我们丧失了理智。当仓鼠吼叫着"我想取笑谁就取笑谁，哪怕取笑最可怜的人，这也是我的基本权利"时，被自我意识控制的头脑丝毫不会考虑"怎样才能把尊严还给那些被仓鼠嘲弄的人"。一方面，我们要求反击的权利，无论对象是谁；另一方面，我们又支持被仓鼠的宣泄言论伤害到的人进行自卫。只要我们没有认识到人们为了反复强调规则的行为是出于"我、我、我"的需求，而不是出于维护规则本身，不是为了捍卫有关创造、爱、工作的需要，迈向理性认知的伟大进程就永远不会结束。

离开玛丽安娜的动物园时，我欣喜若狂，因为我认清了大多数人对自己和对他人的评判实际上都是仓鼠在作祟。在我曾为了说服自己而编造的故事中，无论是我比别人聪明、睿智、善良、友好，还是我比别人更无用、卑鄙、可憎，这些评价其实都是我

V

跳出仓鼠之轮　ON EST FOUTU, ON PENSE TOUJOURS TROP

头脑中仓鼠发出的言论，只是为了宣泄罢了。

有一种动物在察觉有危险逼近时，会迅速排出内脏以减轻身体的重量，以便跑得更快，拉大与捕食者之间的距离。它吐出自己内脏的行为，正如我们头脑中的仓鼠需要频繁地对周围的人和事吐槽发泄一样，都是由于受到了惊吓。

离开玛丽安娜的动物园之后，我不再以原来的方式看待受到的批评和指责。我在那些侮辱和诽谤的言论背后看到了受惊的自我意识，它受惊是因为它害怕消失。

自此之后，每当我的自我意识对他人品头论足时，我就会反复告诉自己："不用慌，这些评判都是仓鼠在宣泄。"然后我就会平静下来，重新找回理智。如果你想热爱生活、享受生活，这种方式会起到自我平复的作用。

但我也会有情绪反复的时候。甚至可以说，每天都有情绪反复的时候。有一段时间，当我在互联网上看到人们头脑中的仓鼠吐嘈时，我就会思考驱使他们写下这些文字的小怪兽到底在害怕什么。我甚至产生了一个不切实际的想法，希望网络上那些"杠精"和"喷子"能够问自己这样一个问题："我的仓鼠需要进行这样的情绪发泄，到底是出于什么需要或者担心呢？"如果他们能够进行这样的思考，那么我们的世界也许就会发生改变！我明白，正是我头脑中的仓鼠发表了以上言论，我并没有察觉到其实自己也有"杠精"和"喷子"的嫌疑。

前言　你能分清是思考还是胡思乱想吗

每天，我头脑中都会冒出对周围人的恶毒评论，其中有些评论甚至是针对我在这个世界上最爱的那些人。我的 Facebook 仅对自己可见，里面被我写满了对他人的粗俗评价。仅限我自己访问的 Instagram 私密账户一瞬间就会充斥着我对某个人的攻击性言论，而这个人可能只是我在电视上看到的，或是在地铁上擦肩而过的。在一天结束之际，仓鼠在我头脑中发出的宣泄言论就跟市中心的鸽子在雕像上留下的爪印一样多。

而且，由于头脑中这只躁动的小怪兽，我的生命中出现了很多空白与缺憾。也就是说，很多时候我没有专注于我的人生，让生命白白流逝了。回忆中的那些空白是我的缺席造成的：有一些人我不知道如何去爱，有一些风景我没有驻足欣赏，有一些伤痛我没能从中吸取教训。现实生活中的仓鼠会啃咬跑轮、笼子等一切能磨牙的东西。自我意识就像头脑中的啮齿动物，它会霸占我们的整个头脑，甚至让人抓狂。因此，如果我们不想错过生命中的美好，就有必要区分出我们和我们的自我意识之间的差别。

我们不是我们的自我意识。我们不是头脑中的仓鼠。

掌握这个真理的唯一方法就是观察我们大脑注意力的变化。正如印度哲学家吉杜·克里希那穆提（Jiddu Krishnamurti）在其著作《智慧的觉醒》（*The Awakening of Intelligence*）中所说的那样：觉醒是指大脑发现自我意识的能力，大脑会思考注意力是被受惊的仓鼠所吸引，还是可以随时投入潜力的开发和利用中？换句话说，注意力是停留在自我意识对消失的恐惧上，还是集中

跳出仓鼠之轮 ON EST FOUTU, ON PENSE TOUJOURS TROP

在对生活的创造上？

如果思考都局限在跑轮之内，我们就无法觉察到自我意识。因此，思考必须在跑轮外部进行。这也正是我写作本书的目的所在。所有关于自我意识的问题都只能在跑轮外得到解答，而不能在跑轮里找。真正的自由就存在于跑轮外的空间里。

在参观玛丽安娜的动物园之前，我认为人类所有的认知都是为了说服自己而编造的故事，是大脑为支持某个观点、信念或身份立场而想出的理由。事实上，我将存在和自我意识混为一谈了。

感谢玛丽安娜让我发现了仓鼠的存在，感谢她让我认识到：我们并不是大脑捏造的各种虚假身份，我们是存在的能力。

在这里，我认为有必要分清楚以下两组概念：

首先，分清是思考还是胡思乱想。

胡思乱想和有意义、能够解决问题的思考截然不同。当我们产生一个新奇的想法，试图了解周围的人与物，努力寻找保持身体以及心理健康的方法，探索增强亲密关系的有效途径，关心环境，关注为公共利益做贡献，这都不是由仓鼠的奔跑引起的，而是由于理智的指导。可胡思乱想是仓鼠因为害怕被永远无视而发出的低沉吼叫，是它在求救。

其次，分清是"建设性批评"还是"仓鼠的宣泄言论"。

如果有人写邮件问我："我把您的观点读了好多遍，但是仍然无法理解，您是否可以换一种表述？"我的回复可能是："当然没问题，我们可以一起探讨。"这个回复中没有掺杂自我意识的成分。仓鼠没有跳上跑轮疯狂奔跑，因为大脑没有将邮件的内容与任何代入的身份联系在一起。

但是如果我的下意识反应是："这个人是从哪里冒出来的？他以为自己是谁呢？他提的这是什么蠢问题？"就会暴露出我的自我意识因此感受到的压力。"下意识反应"意味着，在头脑没有任何思考的情况下，仓鼠的跑轮就已经开始转动。此时头脑中负责思考的区域还未被激活，仍然处于休眠状态。脑电波还未流经该区域，就被自我意识的恐惧截获改道，将其锁定在保障生存的活动中。但是保障的是什么的生存呢？

保障的是自我意识的生存。

一个人过激的言论会刺激另一个人启动头脑中的跑轮。请记住，如果你想安抚别人头脑中的仓鼠，就必须先让自己的小怪兽冷静下来。

那么人类头脑中的仓鼠到底在害怕什么呢？我们如何让仓鼠跳下跑轮呢？随着阅读的深入，你会在这本书中发现答案。

目 录

前 言　你能分清是思考还是胡思乱想吗

引 言　我们都在吃精神内耗的苦　　　　　　　　001

01　抓住内耗的始作俑者——仓鼠　　　　　　　006

02　一秒停止胡思乱想　　　　　　　　　　　　017

03　三步关闭内耗模式　　　　　　　　　　　　034

04　你有情绪，因为总爱身份代入　　　　　　　055

05　你挣扎，因为热衷与人较量　　　　　　　　060

06　你被旧事困扰，因为喜欢改写剧本　　　　　068

07	你与真爱失之交臂，因为过度自爱	082
08	每天冥想几分钟，将仓鼠赶下跑轮	092
09	远离损友，让仓鼠停止奔跑	106
10	感官觉醒，养成反内耗体质	118
11	重复练习，摆脱自我意识	124
12	你不是身份的总和，你是能力的总和	128
13	关注当下，仓鼠自动退场	139
后 记	成就全新的自我	147

引 言

我们都在吃精神内耗的苦

> 人类的大部分痛苦是没有必要的,是人类强加给自己的。这部分痛苦都来自人们不接受或抗拒现状。
>
> 《当下的力量》(*The Power of Now*)作者
> 埃克哈特·托利(Eckhart Tolle)

早上 7 点

你在上厕所。由于刚睡醒,你的大脑依旧处于发蒙的状态。当你伸手去拿卫生纸时,你发现纸早已用光,只剩下了空筒芯。顿时,你的大脑不冷静了:"不是吧!为什么这种情况总是发生在我身上?换一卷卫生纸不是什么难事吧!不需要接受正规的军事化训练才能做到吧!"

睁眼才 5 分钟，你就已经因为一个空筒芯失控了。大脑中区区这几句话就让你咬牙切齿，气得胃疼。

🕐 7 点 10 分

你在冲澡。你通常会把洗发水放在一个固定的位置，这是你的小习惯。正当你浑身湿透，弯腰去拿洗发水时，你抓了个空。然后，你透过浴室门看到了洗发水显眼的瓶身在浴室的另一端嘲讽地盯着你。一瞬间，一些话又在你头脑中迸发了："女儿怎么就想不到把洗发水放回原处呢？没人在意我还要用吗？"

此时你感觉喉咙和肚脐之间发出一阵阵痉挛性的疼痛。现在距离你醒来才过了 10 分钟。啊，今天注定是漫长的一天。

🕐 7 点 20 分

你在抽屉里翻找。你想找一双棕色的袜子，因为这个颜色和你的米色长裤很搭。但你怎么找都找不到。平时家里衣物的洗涤和整理都是妻子负责，但她已经出门了。你头脑中的抱怨开始变本加厉："她就只惦记着自己的事，完全不顾我！这个家里要是没有我挣钱，我都没法想象她要怎么过！我累死累活地让她过着舒服日子，看吧，这就是我得到的家庭温暖！"

你的呼吸变得急促，仿佛那双棕色袜子卡在了喉咙里。最糟糕的是，你从起床到现在一直处于抓狂状态，即便还没有跟任何

引 言　我们都在吃精神内耗的苦

人说过一句话。

7 点 30 分

你来到厨房吃了一根香蕉。吃完后,你打算把香蕉皮扔进水槽下的垃圾桶里。你打开垃圾桶盖,看到里面的垃圾满得都要溢出来了,一根鸡骨头已刺穿了垃圾袋。随即你转身看向女儿,她正一边吃着麦片一边刷手机。你第四次陷入了情绪漩涡:"真是!我整天除了收拾垃圾就不用做其他事情了吗?就天天伺候这个大小姐!就她担心收拾垃圾会弄脏手!她难道连换个垃圾袋都做不了?"

你感觉五脏六腑都在绞痛。

7 点 45 分

你在开车上班的路上等红灯。绿灯亮起,但前车丝毫未动。你看到司机在打手势,看样子,他应该是在跟后排的乘客说话。绿灯已经亮了至少 3 秒钟。就在这时,你头脑中响起各种噪声:"快点开吧!你或许不着急,但有人在单位等我!"在疯狂按喇叭的过程中,你的脖子似乎在头脑的重压下变短了。然而这点压力不足以叫停你的狂躁行为:"难怪会堵车,就是因为有你这种蠢货!"你的双手紧紧握着方向盘,好像要勒死某个人一样。此时,你感觉肺部几乎被掏空,气管发紧,突然你发出一阵咳嗽,猛烈程度丝毫不亚于患了结核病。

跳出仓鼠之轮　ON EST FOUTU, ON PENSE TOUJOURS TROP

　　现在距离你的闹钟响起才过了一小时。请停下来！是时候为你这一天按下暂停键了，尤其是让你的头脑暂时放空一下。

　　我们每个人都经历过这种诸事不顺，感觉全世界都在与自己作对的日子。在这些难熬的时期，孩子、父母、同事和朋友好像统统联合起来对付我们，破坏我们的生活。你知道我的意思，"他人即地狱"。

　　然而，不管你同意与否，其实是你在不知不觉中把自己置于这种境地的，是你使自己和他人的生活变得复杂。

　　毋庸置疑，你也深受其害。但是你不知道该怎样做才能停止这种痛苦，甚至不知道痛苦的根源在哪里。你知道是什么让你有如此强烈的反应吗？其实答案很简单。

　　因为你的头脑中活跃着一只仓鼠。这只看不见的小怪兽一瞬间就可以截获你所有的注意力，并通过奔跑让你失去理智！

　　我承认如果我是你，也会这样。每个人的头脑中都有自己的仓鼠，我先剖析的是自己。我之所以想和你谈论这只小怪兽，是因为我知道它有多么折磨人。我对这些痛苦有切身体会，知道它的威力。

　　我大约从四五岁开始就感受到它带来的痛苦了。当然，那时的我对此一无所知，直到很久以后，我才有幸驯服了这只小怪兽。

我花了很长时间，也受了很多折磨，才搞清楚这动物到底是怎么一回事。

因此，我想向你介绍这只威力十足的仓鼠，并教你如何平息它的情绪——你没有必要忍受它的存在。这种动物明明要依赖你才能生存下去，却榨取你的精力，破坏你的名誉，剥夺你的权利，削弱你的能力，蒙蔽你，孤立你，愚弄你，贬低你，欺骗你。我想通过这本书帮助你从这只古怪动物的掌控中解脱出来。

01

抓住内耗的始作俑者——仓鼠

> 自我意识是一种心理活动的结果,它在我们的头脑中创造并维持着一个想象的实体。
>
> 荷兰心理学家 汉·德威特(Han de Wit)

对于这只在人类头脑里跑来跑去的仓鼠,我给它取名"胡斯",因为它的胡思乱想很多,但思考很少。而它的那些胡思乱想,比如指责、批评、抱怨、后悔等,整天占据着我们的头脑。我们都经历过压力重重的时期,那个时候的我们头脑不清晰,思绪混乱,各种无用的想法阻碍了我们的积极行动,影响了我们本该安逸的生活,破坏了我们与他人的关系。

胡斯也被称为自我意识,指某时某地发生某件事情时个体的内心活动,而内心活动的主人可以是你,可以是我,也可以是我们。

01　抓住内耗的始作俑者——仓鼠

不必费心去寻找胡斯，因为你压根捉不到它。即便使用最先进的人体扫描仪，也无法显像出你头脑中那只仓鼠的一丝毛发。

这只小怪兽是痛苦的始作俑者，痛苦就是它创造并传播的。那它是如何做到这一点的呢？很简单，就是将一切联系到"我，我，我"。你不需要在其他人眼中有多么出类拔萃，就可以拥有一个膨胀的、非凡的自我意识。你也不需要掌握多复杂的精神分析理论，就能发现这个小小的自我意识像是一只焦躁不安的啮齿动物，它被困在跑轮上，整天大喊着"为什么从来都不是我？"或者反过来，"为什么总是我？"

比如，头脑中一闪现出"卫生纸的空筒芯""没放回原处的洗发水""被划破的垃圾袋""耽误你时间的前车司机"及相关场景，你就会陷入自己与其他人对抗的状态。因为胡斯为了替自己辩护，不惜与整个世界为敌。

大多数人都不知道自己身体里原来住着这只仓鼠。它一开始奔跑，就会占据我们的头脑，导致我们无法正常思考，也无法找回内心的平静。这个时候，我们的头脑中除了它发出的喧嚣声，别无他物。我们完全丧失了理智，无法意识到是它在作祟，也无法判断我们因此产生的想法是否合理。

现在，让我们再次回到前文所描述的那个平常生活中的普通一天，这次让这只小怪兽也出场，我们一起来看看你是怎么被它牵着鼻子走的。

跳出仓鼠之轮　ON EST FOUTU, ON PENSE TOUJOURS TROP

回放仓鼠奔跑的片段

🕖 **早上 7 点**

　　你发现之前把卫生纸用完的人没有换上新的卫生纸，自己不得不亲自动手更换。谁没有过这种经历呢？仔细想想，空筒芯能有什么杀伤力呢？然而，你却被它刺痛了。你的自尊心受到了伤害，因为你感觉自己被忽略了。当然，你知道自己只需要走两步就能换上一卷新的卫生纸，生活也会因此变得简单，但你在意的是家里人应该相互照应。现在这区区两步对你来说就是一种折磨。可这种折磨产生的真正根源却是你的意识，是你对此做出的反应，是你头脑中那只受挫的仓鼠在活跃："为什么这些事情总是发生在我的身上？为什么在这个家里总是我在做所有的事情？"

　　换句话说，你认为由你换这卷卫生纸，是因为你不像其他人那么懒、什么事都不管。你总是会倾听他人并考虑他人的需求，你永远不会让一个空筒芯留在卫生纸架上。

　　你现在意识到那只仓鼠在你的头脑中奔跑了吗？

7 点 10 分

　　其实，你女儿移动洗发水不是存心折磨你。你头脑中的仓鼠却在跑轮上不断冒出这些想法："她怎么就想不到把洗发水放回去？其他人怎么也不帮忙收呢？怎么都是我来做！"你体内的激

素水平上升，肌肉变得紧张，并产生一连串其他连锁反应，这些都让你觉得生活一团糟。其实，这场混乱的根源与洗发水瓶无关，也与你女儿无关。这又是你的自我意识在作祟，它一面要求大家承认其无可比拟的价值，一面又大声疾呼："这难道就是我在这个家中存在的价值吗！"

同样，这种想法会暗示你：如果是细心周到的你，就会把那个瓶子放回浴室。因为你知道怎么做才是对的。你能区分什么行为值得尊敬，什么行为令人唾弃，什么正确，什么错误。你的自我就是这样形成的，它是如此独特！至于其他人……其他人怎么都那么差劲！

还有那双不好好待在抽屉里的棕色袜子、那块划破垃圾袋的鸡骨头、那些不趁着绿灯赶紧启动车子的蠢货……就在这一桩桩一件件的琐事中，"自我感觉良好"的噪声充斥着你的头脑，一次次破坏了你享受平静生活或者进行理性思考的机会。你的意识里只剩下胡斯和它的胡言乱语："我妻子只知道忙她自己的！我女儿不考虑别人！前车的司机有毛病！"

我相信，上述几种情况会让你回忆起一些亲身经历过的生活片段，并让你明白，只要一不留神，你头脑中的仓鼠就会获得控制权，并让你逐渐失控。

一步步失控

8 点 45 分

你正在汇报工作，或者讲课。就在你讲话过程中，一位迟到者突然闯入，所有人的目光都落在了他身上。瞬间，你就失去了人们的关注。紧接着，胡斯就爆发啦："人们为什么都看向他？这些失败者总是能想到办法惹人注意！好了，现在再也没有人听我说话了！"这种不舒服的感觉压得你喘不过气来。你顿时忘了发言思路，开始出汗、结巴……

10 点

你收到母亲的语音消息。她说你父亲昨天夜里被送到医院去了。他在看完新闻后感到不舒服，但具体是什么毛病现在还不清楚。就在这时，胡斯立刻活跃起来："我今天真是太倒霉了！父亲这一病，我的生活会越发混乱！"你感觉头都要炸了，却四处都找不到药。于是胡斯再次现身："谁拿走了我的阿司匹林泡腾片？生活好像总在捉弄我。但我没做错什么啊！为什么我的生活总是这么艰难呢？"

13 点

你得知同事罗杰得到了你梦寐以求的职位。相比他的懒怠，你加班的时间翻倍，牺牲周末时间参加培训，没完没了地参加各

种会议，但是事实证明所有这些到头来都是徒劳。这一切都让胡斯再次启动了它的跑轮："为什么是他？他哪里比我强？马屁精！我早该明白的，能力在这个鬼地方根本不重要！油嘴滑舌胜过一切真才实干！"

过了一会儿，你继续想："我再也不想在这里工作了！这份工作可能真的不适合我！热情已经耗尽，我再也坚持不下去了！无论如何，只要在别处能得到认可，我可以一切从头再来！"你感觉内心像装满石头一样沉重。

19 点

你正和朋友们吃着晚饭。其中一个朋友又在说他那快说烂了的故事。

这个朋友生活多姿多彩：他参加过美食类畅销书作家的签售会，三次在圣纳西斯铁人三项比赛中获奖，想出了用固定自行车给屋子取暖的方法，他在绿色地产行业发了财。现在，他业余时间在一个名为"对抗真菌，保护两栖动物"的项目里做志愿者。

这晚，他头脑中的胡斯状态特别好，他一会儿炫耀道："上周，我在一家刚开业的五星级餐厅喝了一瓶 1982 年的柏图斯酒庄红酒。我从未品尝过如此美妙的东西。"一会儿又吹嘘道："下周二，我还要参加一个关于月球未来的会议，主办方是我的朋友。"

与此同时，你自己的胡斯在这位朋友高谈阔论期间也异常活跃："为什么我过不上他这样的生活？光是想想他事事如意，就让我恼火不已。如果他去买彩票，肯定也会中奖吧！而且这个人还很大方。啊，真是烦人！"你坐立不安，只想快点离开这个鬼地方。但这时，你的胡斯又开始捣乱了："如果现在走了，别人会怎么想我？我应该让大家知道，关心人类命运的可不止他一个。"

于是，你就一直坐在那里，焦虑地挠着大腿，看起来像是刚刚被蚊子咬了一样。

22 点

电话铃声响了，是警察打来的，说你儿子刚刚因为打架被拘留了。

胡斯又开始在你的脑袋里活跃了："天哪，我到底做错了什么，才会得到这样的报应？这个逆子，他可什么都不缺啊！我也一直都在支持他！但是他净在外面交些狐朋狗友！"

午夜

你躺在床上，眼睛睁得大大的。胡斯又变成了夜行动物。它的威力似乎有所增强，仿佛被你喂饱养壮了似的。你又忍不住胡思乱想起来："我到底哪里做错了？儿子被拘留了，因为我是个糟糕的父亲；事业停滞不前，因为我很差劲；我的朋友都觉得我

很可怜。"这些想法萦绕在你的脑海中，徘徊不去，持续了几小时。这简直就是精神折磨。

是时候停下来了！

放松紧绷的神经

在以上这些情况中，你是否意识到了一个"大大的自我"的存在？现在让我来帮你分析一下吧。上述场景中有迟到者、新晋升的同事罗杰、你儿子的朋友等。

究竟为什么听众转移了注意力就会让你陷入如此抓狂的状态？其实，要让所有人从始至终聚精会神地听你讲那些在你看来重要且有趣的事情，那是异想天开。确实，在一个所有人的胡斯都被驯服的世界里会是这样。但我们还没到那一步。在现代社会，每个人头脑中的这只小怪兽都在疯狂地加速奔跑。自我意识越来越凌驾于集体之上。

当听众的注意力转移到迟到者身上时，你的自我意识突然感觉原先集中在自己身上的注意力被夺走了。对胡斯来说，正是这种被抛弃的感觉引起了内心的呐喊："那我呢？大家都不再关注我了吗？我被抛弃了吗？这会导致什么后果？"因为胡斯希望所有聚光灯都能聚焦在自己身上。它才不会去想，转头看向一扇打

跳出仓鼠之轮　ON EST FOUTU, ON PENSE TOUJOURS TROP

开的门是一种本能的求生反应。这种最原始的反应可以追溯到人类的远古时代,在那个时代,人类必须时刻防范自己背后最微小的变化,才能避免被活活吃掉。但胡斯看不到这层,因为它极度害怕死亡和消失。这就是为什么它要花费如此多的精力来证明自己的存在,强调自己的重要性和独特性。这只仓鼠被这样一种逻辑所驱动:只有当你独特、出色或重要时,才会有人关注你。这种信念是它奔跑的动力,也是它传播痛苦的根源。在过去,人们总会因为引起注意而感到恐慌,因为这意味着自己随时可能会任人鱼肉。而到了今天,我们的自我意识却在担心自己因为失去关注或从未被关注过,而从此默默无闻。

请记住这一点:正是胡斯的这种恐惧心理致使一系列思想风暴在我们的头脑中产生。

动物在害怕时就会闹出动静。自我意识要想彰显自己的存在,就必须想方设法吸引人们的注意力——谁知道那个迟到的人是不是为了吸引目光而故意迟到呢?胡斯长期处于警觉状态,试图探究什么会为它赢来关注,而什么又会导致它丧失吸引力。它不断研究他人的态度、动作和表情,它不断比较、判断、批评、评价、攻击、指责、蔑视、恭维、赞美、炫耀或引诱,却从不满足。为了证明自己值得被关注,它不断地奔跑,但是无论它如何奔跑,都是徒劳,都是枉然。因为没有任何一份协议、一纸承诺或一个誓言可以保证它会是永远的焦点。它的价值并不体现在不断奔跑的过程之中,而是体现在停止奔跑之时。

01 抓住内耗的始作俑者——仓鼠

害怕有时也会导致身体失控。因害怕而躲藏时,我们想方设法不让自己被发现,可身体会颤抖,心脏也会如打鼓一般加速跳动。躲藏过程中的心惊胆战是我们无论如何也避免不了的。

听了我以上的分析,也许你仍旧无法平静。"那位朋友和他讨人厌的成就、同事的晋升、儿子结交的坏朋友……这些状况就是令人难以接受,无法轻松应对。"我听到了你的反驳。

但是,我从未说过要你欣然接受,或者要你轻松应对这些状况。我只是指出,令你如此痛苦的根源是你的自我意识,是胡斯这只疯狂的仓鼠和它在你头脑中无休止的臆想:"我才是那个应该被提拔的人……工作努力的那个人是我……真正优秀的那个人也是我!至于那位朋友,他应该再尊敬我一些。他可不是这个世界上独一无二的存在!我也做过一些意义非凡的事情呀!还有我儿子,我为他做了一切我所能做的!"

所有这些杂念都是由自我意识的活跃引发的。

那么,你到底应该怎样去应对呢?

在进一步阐述之前,我有必要提醒你:相比心灵安宁带来的喜悦,有些人更喜欢胡斯的躁动带来的感觉,即便这种感觉是痛苦的。正因为如此,他们会把"受刺激的感觉"与"元气满满的感觉"混为一谈。

但是，你不厌烦这些杂音吗？这些毫无意义的无休止的杂念："我为了所有人忙东忙西，却没有人意识到这一点；我离异带娃，我要一边上班一边养孩子，我前任不负责任；我母亲什么都不管；我老板偏执成性；我的那群同事虚伪至极；我有严重的偏头痛，胃溃疡也时不时地折磨着我；我这辈子好像都在为别人而活……那我自己呢？谁为我着想？这个世界上有没有一个人在关心我？在地球的某个角落，是否生活着另一只能与我和谐相处的仓鼠？"你觉得心好累啊！

你难道不想尽快叫停思绪，尽情品味生活给予我们的无限美好吗？你喜欢夏日阳光下的花香，还是清晨的咖啡香？你喜欢新摘的草莓的香味，还是缓缓入喉的茶香？你喜欢抚摸质地良好的衣物面料的丝滑感，还是脚踩在新鲜草地上的湿润感？你喜欢海边的微风，还是知更鸟的歌声？你喜欢充满希望的黎明的色彩，还是黄昏的舒缓色调？你是否想过这些问题：其实你真正的挑战在于找到解决问题的办法；其实你可以平静地完成你的演讲；其实你能够无视那位朋友的自吹自擂，度过一个美好的夜晚。

到底如何才能使胡斯平静下来呢？

只有一个解决办法：减少自我关注！

02

一秒停止胡思乱想

> 如果大家都不思考，这个世界上就不会有思想者。是思考创造了思想者。
>
> 印度哲学家 吉杜·克里希那穆提

减少自我关注，并不意味着自我意识会消亡。

自我意识是不会抛弃我们的。一旦你意识到，你的思想完全被自我意识创造出的图像或语言所占据，你马上就会减少自我关注。此刻，胡斯正在跑轮上，试图转移你的注意力。

只需一秒就可以让你停止胡思乱想——这是你生命中最重要的一秒，也是最难征服的一秒。有了这一瞬间的认知，你将不再是胡斯的奴隶。

跳出仓鼠之轮　ON EST FOUTU, ON PENSE TOUJOURS TROP

下面让我解释得更清楚一些。

在你想到"要减少自我关注",这个念头冒出来的这一秒,认知出现了,你的主要思维活动由以自我意识为中心转变为摆脱以自我意识为中心。在这一秒,自我意识消失了。思想从"我,我,我"式的躁动状态转变为正常思维活动下的平静状态,这意味着自我意识活动开始转变为认知活动。

要想实现这样的转变,就需要进行相应的练习。

接下来,我会以"写作此书"这个想法为例进行说明,这个想法曾一直萦绕在我的脑海中,现在已经付诸实施。我在写作此书的过程中试图找到最恰当的表述,让读者明白人类的思想是如何折磨自己和他人的。为此,我创作了一个略带戏谑、具有双关意味的形象——胡斯。此外,我在寻找具体例子的时候,努力不让自己受自我意识存在的困扰。比如,前面的"卫生纸没了"和"做演讲时被打断"这两个例子里的故事,很显然,这两件事不可能同时发生。以上都是我将思想活动付诸实施的具体做法,我这么做的目的就是用简单、形象的方式,为读者展现出复杂、抽象的思维过程。

然而,在这个过程中,只要我稍不留神,自我意识活动就会把一切搞得天翻地覆。一旦我的思想被自我意识控制,脑海里可能就会充斥着这样的幻想:"这本书将会独一无二,畅销全球。我会因此接受很多采访,获得如潮的好评,赚个盆满钵满。我必定会大富大贵,我的作品和照片将随处可见。"

这样的内心独白过后,随之而来的是由多巴胺的分泌而引发的兴奋感。这种兴奋感只要持续片刻,就会让人上瘾。但是,兴奋感也会快速消失。相反,受自我意识控制的思想活动也可能会考虑到书籍销售惨淡,在媒体上反响平平这些情况,然后抱怨:"根本没有人能跟我同频共振。读者真愚蠢。我书上的内容不难理解啊!"接着,多巴胺就会分泌不足,并引发心情不快、身体不适等症状。

由此可见,我们的精神活动可分为两种。一种是自我意识活动,是由胡斯这种不断强调自我的各种胡思乱想所操控的精神活动,这是通过电化学信号进行的信息传递。另一种是认知活动,是完全摆脱了头脑中仓鼠以自我为中心的精神活动。在后一种情况下,认知可以自由地去感受,自由地去爱,自由地体会美好,并创造对生命有价值的东西。

在自我意识活动中,我们总要关注自我,而认知活动则不需要。这就是两者的区别。而且后者会在自我关注减少时出现,也就是在认知开关启动之后出现。

现在,让我们来总结一下。

在我们的头脑中,有一种思想活动只以自我为中心。这种思想活动会不惜一切代价来维护这个自我,并将自我喂肥养壮。

还有另外一种思想活动是摆脱了自我的认知活动。在个人层面，那些进行艺术创作、自由购物、计划旅行、关心他人，尤其是用心聆听后做出答复的思想都是由认知活动主导的。在社会层面，那些分析饮用水质量、管理垃圾处理、地震发生后着手搭建庇护所和分配食物的思想也都是由认知活动主导的思想。但这种认知活动随时都有被自我意识活动排挤的危险。

认知觉醒

如果存在这样一个开关，一启动就会触发我们减少自我关注，那么"觉醒"是触发这个开关最贴切的表达。

觉醒是瞬间的认知清醒："糟糕，是胡斯在抓狂！"这种感觉就好像我们的认知活动在它的对手精神狂躁发作过程中突然将其抓了个正着。

许多所谓的灵性流派十分重视觉醒这个概念，然而在他们的解释当中常常掺杂自我意识。一些自认为可以代表灵性流派的人，其实已经被他们的自我意识所操控。他们的说辞听起来就像骗人的咒语："我可以治愈癌症。我有这样的能力，如果你愿意，我可以和你曾曾祖父的灵魂进行沟通。我还知道你多久之后会因何而亡。我能看到人头顶的光环，而且我可以坚定明确地告诉你，你的光环需要耗费我更多能量才能看到。但你不必担心，我完全

02　一秒停止胡思乱想

具备这些能量！"

作为医生，我见过有些人在被那些江湖骗子"医治痊愈"后不久却死亡了。病人们以为自己遇到了上天派来的"使者"，并且"使者"的"能力"足以治愈他们的癌症。他们没有看到，在那些神奇手指的背后，其实是胡斯在作祟。每当有所谓的灵性大师欺骗脆弱的病人、诈骗他们的钱财、利用他们的孤独感和对关怀的渴望时，都是胡斯在作怪。

实际上，觉醒与这些无稽之谈毫无关系。觉醒是长期保持警惕状态的认知，它窥视着头脑中的仓鼠。它就像一个猎人，时刻观察，并伺机围捕。唯有认知觉醒才能使内心得到平静。

那么应该怎样开始减少自我关注呢？话不多说，我们现在就来揭晓答案。

现代社会宣扬自我关注。你打开手机就会看到各种各样的信息，比如对那些取得事业顶峰成就的人的赞美，像运动员、艺术家、商人等。此外，它们还会告诉你，你也可以达到同样的高度。这些报道还给你灌输事业顶峰就是幸福所在这样一个观念。这其实大错特错！幸福永远不在顶峰，更不在底部，既不在左边，也不在右边。法国导演菲利普·波利特-威拉德（Philippe Pollet-Villard）曾经说过："在一段旅程中，重要的不是目的地，而是经过的旅途，尤其是走过的弯路。"在此基础上，我们可以谦恭地补充一句："在旅途中，走过的每一步才是最重要的，因为它真实存在。"认为幸福依赖于受到更多的关注这种想法本身就不切实际，因为存在本身不需膨胀，它只需要摆脱那些阻止它发光的遮盖物，从中解脱出来即可。

胡斯的跑轮不会指引我们找到幸福。恰恰相反，正是头脑中这只仓鼠的奔跑阻止了存在的显现。

这就是为什么我们说增加自我关注是荒唐的。这个不切实际的想法很危险，它会危害我们的健康。现代社会越来越多的人因为抑郁、焦虑、失眠而不得不服用药物，就是因为胡斯在我们头脑中无休止地发出噪声。仓鼠奔跑得越起劲，我们头脑中的噪声就越大。噪声越大，我们就越痛苦。

另外一个荒唐的想法是，如果在生活中得到了自己想要的一切，仓鼠就会在我们的头脑中停止奔跑。请不要上当！因为得到的越多，想要的就越多，自我意识也是如此。我们只需浏览一下八卦新闻，就会发现连明星、亿万富翁或选秀明星都会被无休止的欲望所困扰，这些欲望控制着他们始终不停地追求。他们的自我意识总是处于担惊受怕的状态，害怕会失去引人注意的东西：荣誉、财富、美貌等。所以，自我意识总是想要更多，时刻担心意外状况的发生。我们生活在一个充斥着胡斯的疯狂世界。

减少自我关注的意义何在？

减少自我关注就是要卸掉构成自我意识的身份外衣（后面还

02 一秒停止胡思乱想

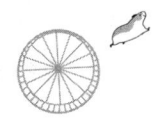

会详细谈到这一点),以平和的心态重新与生活中的简单事物建立联系。简单来说,就是将注意力从自我意识的世界转移到存在的世界。这样的转变体现在创作诗歌、照顾病人、修理道路、教育孩子这类生活日常中,这类能让你从中得到满足的事情数不胜数,形式多种多样,全凭你的喜好。只要投入热情,你就能从所做的一切事情中找到幸福。最重要的是,减少自我关注并不意味着牺牲自我、放弃自我。它会让你以开阔的心态拥抱更多智慧。

当乱七八糟的想法接连不断冒出来的时候,该怎么办呢?

我举一个具体的例子吧。你刚刚把你的朋友送到登机台。你终于松了一口气,因为再晚一分钟,他可能就会被拒绝登机。你现在正朝着通往停车场的电梯走去,走着走着,你突然焦虑起来。因为刚刚在匆忙中,你并没有记住汽车停放的准确位置。于是你头脑中的仓鼠立即开始活跃并且叫喊起来:"我到底把车停在哪里了?我真是个白痴!这种事情只会发生在我身上吧!"

然而,现在我们可以确定的是,以你现在这种心态,短时间内是找不到车的。眼下你需要做的是压制住胡斯,也就是你的自我意识,让它保持安静。

你现在必须尽力找回一丝理智,认识到胡斯正在牵着你的鼻子走。只有这样,你才能不再慌乱不安,才能专注于寻找汽车。也只有这样,思想才能摆脱自我意识及其渴望被认可的疯狂情绪,

023

投入接下来要做的事情中。冷静下来之后,你再慢慢地寻找记忆的碎片,回忆停车时的场景。

要想成功摆脱自我意识,你必须进行相应的练习。以下就是帮助你启动认知的第一个练习。

ON EST FOUTU
ON PENSE TOUJOURS TROP

启动认知练习

呼吸练习

呼吸练习特别适用于不太糟糕的情况。比如,当眼睁睁看着地铁车门正在关闭却未能赶上时,我们需要做的第一件事就是停下脚步,专注于自己的呼吸。这个看似非常简单的动作可以减少自我关注。在没有自我意识作怪的情况下,让我们重新去停车场寻找你的爱车吧。

想象一下这个场景:周围很安静,没有一点噪声,只有一股汽油和潮气混杂的味道。光线很柔和,一切似乎都很平静。然而,你的头脑里却混乱无比:"难道我要在整整五层楼的停车场里一层一层地找吗?我真是白痴到家了!"

毋庸置疑,是胡斯在暗中操纵你的思想。你是否意识到了这一点?现在,请将背靠到墙上,闭上眼睛,把注意力集中到呼吸上。

你还可以通过默数时间来控制呼吸：吸气5秒，暂停5秒，呼气5秒……然后，尽情地呼吸吧！每次吸气时，让腹腔充满空气，以充分拉伸横膈膜。这个动作可以刺激迷走神经向大脑发送信号，指示大脑停止分泌皮质醇。

当效果显现，你不再焦躁不安。

现在，慢慢把注意力转移到没有掺杂自我意识的思考上："让我想一想。我当时是从西门过来的……1楼没有车位……我顺着指示牌来到2楼……没错，我把车停在了2楼！"

你可以看到，这是你在不着急、不评判、不埋怨自己和停车场设计者的前提下进行的一连串思考，自我意识被抛到了一边。最后，站在找到的汽车面前，你甚至可能有种想笑的冲动，掌握了这个练习，你将受益无穷！

冥想，就是发现注意力所在的过程。

让自己投身于这个发现练习，培养自己的警惕性和观察力。如此，当需要安抚胡斯的那一刻真正到来的时候，你已经做好了准备。无须付出任何努力，只要让自己跟随呼吸的节奏即可。

在认知开关启动的那一刻，也就是你察觉到躁动的自我意识占据了头脑的那一刻，请把注意力专注在自己的呼吸上。在此过程中，当你意识到头脑中同时出现被自我意识控制和摆脱自我意识两种类型的思想活动时，你只需转移注意力，顺利地将前者转变成后者。通过这种方式，你将会毫无痛苦地实现减少自我关注。

以上所说的方法对你来说可能是全新的知识。为了

跳出仓鼠之轮　ON EST FOUTU, ON PENSE TOUJOURS TROP

更好地帮助你，我们一起来看看接下来如何逐步减少自我关注，真正关闭内耗模式。

....

自我意识不是魔鬼

我坐在花园里一棵黄桦树的树阴下看小说，微风中的花香沁人心脾。

我时不时地放下书，任由自己陶醉在野玫瑰的芳香中。突然一阵嗡嗡声打破了这份宁静。我慢慢地抬起头，一只黄蜂出现在我眼前，距离我的鼻子仅几厘米。它在空中绕着圈，像一架直升机在战区上空盘旋。此时，我的脑海中传来一个声音："它也太大了吧！这是我这辈子见过的最大的黄蜂！它好像在跟我炫耀它的身长，它至少有3厘米！很明显，它在盯着我看。它的眼睛分别位于头的两侧，直视着前方。我确信它准备攻击我，它看起来甚至在怨恨我。但我什么也没做啊！难道我前世伤害过它？现在它投胎转世来报复我？它发出的嗡嗡声听上去很兴奋，说明它很享受要对我做的事情。好一只残暴的黄蜂！"

一瞬间，我就从阅读小说时的平静状态中跳脱出来。我所有的脑神经现在都处于警戒模式：危险！如果此刻有人能进入我的大脑，就会看到激素的迸发，感受到神经电流的释放。一阵恐惧

02 一秒停止胡思乱想

感贯穿我的全身，这让我确信自己还活着。其实，刚开始我的鼻尖上方飞着一只昆虫时，我的大脑就已经打开信号灯，发出警报了。在判断飞向我的是一只黄蜂时，我的幸福感瞬间变成了不适感。几千年来，当我们面对这样的情况，做出的反应都是抵抗、逃跑或躲避，为的是不被看到或者闻到。那我当时是怎么做的呢？我愣在原地，一动不动，看起来像雕塑一样，暂时屏住呼吸。就这样，黄蜂小心翼翼地离开了，像来的时候一样，原来它只是路过，也许是出于好奇，也许不是，我们无从判断。

我为什么要讲这个故事呢？为了说明我们的大脑中有一个神奇的威胁感应器。这是一个空前敏感的系统，可以检测到对生命存活及身体舒适度造成威胁的事物。这个感应器在我们出生前就被激活了，并在我们的整个生命过程中都处于活跃状态。这种情况已经存在了上万年，乃至数百万年。

然而，在我们这个时代，大脑并没有把对生命存活威胁的感知和对自我意识威胁的感知区分开来。在黄蜂的这个例子中，大脑感知到的是对身体舒适度和生命存活的威胁。万一被蜇伤，我们的身体可能轻则局部疼痛红肿，重则大面积过敏，过敏性休克，甚至呼吸停止。然而，就在那一刹那，自我意识又增加了像"我平生见过的最大黄蜂""3厘米""残暴""糟糕，我要吃苦头了"这样的想法。但是一切都发生得如此之快，甚至理智都来不及分辨清楚这两者。

请不要怀疑我说的头脑中的威胁感应器，这个故事是真实的，那只黄蜂确实非常非常大！

现在让我们把黄蜂的故事与另一个故事进行比较。我的妻子下班回到家，她很累，但是我并不知道她累了。她回家后没跟我说一句话，甚至连"晚上好"都没说。当时，我正一边哼着小调一边洗碗，往盘子上挤了一泵洗洁精。她突然对我抱怨道："你挤得太多了！"瞬间，我头脑中的仓鼠就跳入了它的跑轮："她怎么知道该用多少洗洁精？难道她是洗涤专家吗？现在可是我在洗碗！"

于是，我的神经系统进入了警戒模式，跟我面对黄蜂的反应一模一样。头脑中亮起指示灯，响起警报器，于是一切都被激活了。

我身体的各个部位都已经做好了战斗准备。我对着天花板讽刺道："哦，真的吗？你精通洗碗技艺吗？你攻读了洗涤专业的博士学位，专门研究如何根据盘子的大小判断洗洁精所需的使用量，但是向我隐瞒了这一点，是吗？"

我身体的各个部位同样也都做好了逃跑准备。我伸出手臂，挥舞着盘子说："来，你自己刷这些该死的碗吧！"

对一泵洗洁精的看法似乎威胁到了我的生命，但是麻烦告诉我威胁到底体现在哪里呢？这是一个值得全人类思考的问题，而且刻不容缓。

02 一秒停止胡思乱想

或许你已经猜到了，受到威胁的并不是我的生命。

那么是谁受到了威胁？更确切地说，是什么受到了威胁呢？

当然是自我意识！还有它如影随形的小伙伴，头脑中的仓鼠！这只小怪兽对自我意识的意义就是安全卫士。仓鼠只要转动一下跑轮就能达到攻击效果："你攻读了洗涤专业的博士学位吗？"这句话直击爱人的内心。

胡斯一边攻击，一边逃亡，它在跑轮里奔跑是为了解救自己，你意识到了吗？

为什么我感觉，自我意识和我的生命一样需要被保护？

因为大脑——这个失去判断力的大块头，错将我和我的自我意识混为一谈。对于它来说，自我意识等同于我。这是多么可怕的神经系统混乱啊！

那么自我意识从何而来？它又是由什么构成的呢？

让我用最通俗的表达方式来解释一下吧。在漫长的进化中，自我意识是在两个神经元相遇并交换信息时产生的。事发当晚大概是一个非凡之夜。两个神经元在一个大脑中交换记忆信息，并在这个交流过程中，产生了一个新的想法：要求所有权。"这条河流属于我！这片森林也属于我！还有这个洞穴！当然还有这片沙漠！这是我的河流、我的森林、我的洞穴、我的沙漠！"然后，在没有人意识到的情况下，神经元之间从一个信息切换到另一个信息，交流变得越来越火热，最后变成了突触的热烈接触，神经递质翻腾，传递信息满溢。神经元的这次相遇也因此将"属于我"的表述转变成了具有强烈身份代入感的表述，即"我就是"。大体情况就是这样。这个现象并非有人特意为之。两个神经元相互吸引，交换信息，交换完成后诞生了又一个新想法：区别对待。

那天晚上，整个世界见证了从"属于我"到"我就是"的革命性转变："我就是我的河流，我就是我的森林，我就是我的洞穴，我就是我的沙漠！"这些表达都是自我意识的萌芽。

你现在就需要了解这一点，因为这非常重要。

"我就是我出生的土地，我就是我周围的风景，我就是我饮用的河流，我就是我打猎的森林，总之，我就是我拥有的一切。"然而这些想法统统都是错误的。

证据就是，我可以随时随地移动，但是不会消失，不会停止存在。此外有幸的是，正是因为可以继续存在，我才能关心地球上的河流、森林和沙漠，而不是仅仅在乎属于自己的那些空间，到了别处就会想："我可以把垃圾扔在这里，反正这里不是我家！"

两个神经元之间的一次寻常交流所产生的结果，简直让人觉得不可思议。一次小小的交流就可以引起这样的一场思想大爆炸，

02 一秒停止胡思乱想

并导致身份代入过程的出现。这个由自我意识操控的世界，一个制造各种虚假身份的工厂，从此开始全速运转。

因此，自我意识并不是魔鬼，它只是神经系统运行的普通产物，是身份代入情境下头脑中的"身份复印机"所产生的。

假设你坐在足球比赛看台上，"身份复印机"开始在你的头脑中运行。它在你的脑海中输入了你崇拜的那个足球明星，你的大脑激素马上接收，然后你就变成了他。当该球星的下巴被对方队员肘击时，你感到痛苦、愤怒、沮丧。然而，这并不是情感共鸣，请相信我。如果所有人都能注意到这一点，我们的世界就会改变。

我们需要身份代入吗？不需要。这是一个在认知之外运作的过程，只要认知清晰就能从中解脱出来，因为它还有一个对立物——存在。

我解释得再明确一些，要将身份代入和情感共鸣区别开来。问题不在于身份代入，而在于我们相信自己就是"身份复印机"输出的人物形象，并且对该形象有种不自觉的依恋，不想与之分开。

存在让我们可以清醒地思考："糟糕，刚刚头脑中又出现了身份代入！但是没关系，这是'身份复印机'又开始运行了。还有我此时身体紧绷，似乎已经做好准备要暴打刚刚用胳膊肘撞人的那个家伙。但是，躺在球场的球星并不是我啊！我不是那个被肘击的人！好了，大脑激素，平静下来吧。"只有这样，我们才能继续欣赏我们心目中的英雄为施展自己的才能所做的坚持和努力。

我们是在存在中产生联系，而不是在身份代入过程中产生联系。而只有通过认知，我们才能与其他人产生情感共鸣，包括我们心目中的英雄在内。

我们崇拜的人会成为我们进步的动力源泉，因为他们的经历会指引我们前行，并激励我们付出必要的努力来发挥才能和潜力，发展资源。

也正是因为受到了偶像的影响，人们才有了奉献的意愿。我不是纳尔逊·曼德拉，不是马丁·路德·金，不是罗莎·帕克斯（Rosa Parks），但通过阅读他们的传记，我可以立即行动起来，尝试着改变活着的人的命运。

但我在洗洁精的故事中代入了什么身份呢？是完美配偶的形象。

自我意识从来不想被当场抓住差错，它总是想做到完美。只要有人指责它有丝毫的不完美，它就会做出反击。当它被告知"你洗洁精放多了"时，就像被告知它是有缺陷的、不合格的、状态不好的，因此要被抛弃。有的时候，只需要简单改过就可以解决问题，但在自我意识控制思想的状态下，情况就会变得复杂。当

自我意识认为它在不完美的行为中被抓个正着时,它就会进入攻击模式,以捍卫其完美的形象:"我当然知道洗洁精的用量,你何必那么多管闲事!"那么,如果你洗碗时确实使用了过量的洗洁精,你到底应该怎么做呢?

我们将在接下来的内容中找到答案。

03

三步关闭内耗模式

> 每当你被激怒时,你在观察自身感受的当下,就是你在疗愈自己了。
>
> ——《当下的力量》作者 埃克哈特·托利

当足球运动员头部被对方球员肘击时,直播平台会反复播放画面的慢镜头,就是为了确认你最喜欢的球队的前锋是被恶意肘击的,而不是被肩膀不小心撞到的。此刻化身为受伤球员的胡斯变得异常激动。你的自我意识做出的反应就好像被肘击的是它自己,头部遭此撞击让它骂骂咧咧。突然,电视机前的你也有了反应,整个身体都做好了战斗准备:肌肉、心脏等各个部位都蓄势待发。随着屏幕上慢镜头播放的次数增多,你的头脑中像是炸开了锅:"这个蠢货,可恶至极!我希望他被痛揍一顿,这是他的报应!"这时,你头脑中仓鼠爪下的跑轮飞速转动,就像飞机全速

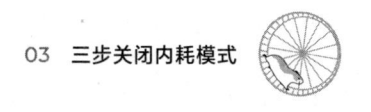

飞行时的螺旋桨一般。自我意识立刻占据你的整个思想，无论是速度还是力度都堪比车祸发生时弹出的安全气囊。

让我们重新聚焦到事发时当事人的思想上，接下来我将提供四个逐步减少自我关注的例子，具体说明如何关闭这种内耗模式。

三步关闭内耗模式

ON EST FOUTU
ON PENSE TOUJOURS TROP

"有个家伙撞倒了我的偶像"

第一步：看到情绪

你摊在沙发上，左手伸进一袋薯片里，右手攥着一瓶啤酒。对方球队中的那个"肇事者"刚刚撞到了你崇拜的球员。他撞得这么猛，速度这么快，害这名前锋痛苦倒地，蜷缩成一团。这时，胡斯变得异常激动。仓鼠的跑轮像通上电的圆锯一样飞速转动，脏话像锯屑一样四处飞溅："太过分了！这没脑子的鼻涕虫！"你站在电视机前，拳头紧握，呼吸急促。薯片散了一沙发，跟洒了的啤酒混在一起。你的自我意识要求公正地处理此次撞人事件，并希望严惩那个粗暴的家伙。显然，胡斯代入到了那名被撞倒的球员身上。眼看着自己崇拜的球员倒地，胡斯深受打击，也从跑轮上跌落。它觉得自己不仅是受害者，还变得一无是处。它感觉支撑自己活下去的那些关于胜利、征服和认可的美梦破灭了。

它现在无法客观地看待刚刚所发生的一切，在这种情况下，怒气是很难控制的。因为你根本来不及质疑仇恨给自己带来的身体反应。此时，理智失效。胡斯的跑轮已经深陷敌意对抗，无法自拔。当我们整个身体随时处于战斗状态时，没有人会问自己"这正常吗"。更糟糕的是，薯片袋子空了，啤酒瓶也空了。

第二步：启动认知

通过几个月勤奋练习，当胡斯再次在你的头脑中烦躁不安时，认知会启动开关，一闪而过，正是认知这一短暂的觉醒将会触发减少自我关注的行为。此时，自我意识活动突然不再是控制你身体的唯一活动，另一种形式的精神机制——认知活动，开始发挥作用。你坐下来，专注于呼吸，专注于身体在此刻的感受。然而，自我意识并不会任由你这么做，它会立刻杀个回马枪，试图夺回控制权。它反抗、挣扎，终于暂时如愿，大声地宣泄自己的不满："撞人的那家伙头脑里装的是浆糊吧。不，是脓水！"接着，开关又再次启动。认知活动将胡斯团团包围，占据了上风。这时头脑里响起了一个声音："冷静！并不能因为自我意识在神经元之间躁动，我就要暴跳如雷。现在关注呼吸，关注紧握的拳头和紧咬的牙齿。"

第三步：跳出仓鼠之轮

认知活动的开关再一次启动。自我意识渐渐消退。现

在你的思想集中在脚与地板、大腿与沙发、后背与靠枕接触的感觉上。回想刚刚那些邪恶的想法，你越来越觉得它们十分荒唐。你明白了这些想法产生的根源：自我代入，将自己化身为痛苦蜷缩的足球运动员。正是这个不寻常的足球天才，让你感觉到自己的存在，感觉自己有了生命力，有所成就。通过成为他，你不再是一个无名小卒。现在，你感觉自己的思想实现了从自我意识活动向认知活动的转变。放松的感觉如温和的浪花般涌过你的肩膀，然后延伸到整个身体。你的自我意识逐渐消失，这种感觉极度舒适。自此，"我的球队""我的球员""我的比赛"这些表述对你不再有意义。现在提到它们，你只会付之一笑。仇恨离你而去，受害者的感觉也随之消失。对受伤的球员，你只是感到同情。你体会到了真正的自我认识带来的幸福感。

"我的工作在同事眼中毫无价值"

第一步：看到情绪

你是企业里的一名基层员工。现在是晚上 8 点，你结束了一天的工作。胡斯此时正在你的头脑中活跃，好像这一天所有的忙碌都变成了将它喂胖养壮的饲料："到头来，我在这里什么都不是。我的工作无足轻重。真是无望的人生。我曾经多么有天赋啊！不过现在已经太晚了。我唯一的特长就是收拾烂摊子。但是没有人注意到我为公司做的贡献。"你感觉身体像灌了铅一样重，仿佛你现在拖着的不是双脚，而是两个铅球。自我意识赶走了你所有的正能量，留下的只有焦虑和痛苦。

第二步：启动认知

突然，开关启动。认知活动跳进跑轮，如同超级英雄一般，为仓鼠的疯狂冲刺踩下了刹车键，并发出了压制自我意识的言论："糟糕，是胡斯正在控制我的思想，它让我感觉难受，胸口发闷，头上像被施了紧箍咒一样。"但奇怪的是，难受的程度在逐渐减弱。如果能够将这种难受的感觉具象化，现在从远处观察，可以看到它的威力远没有刚开始那样强大。这是因为认知开关刚刚启动，减少自我关注的行为由此开始。你决定先转移一下自己的注意力。首先，专注于呼吸，持续几秒钟。然后，专注于身体的感觉，专注于胡斯的活动给你身体带来的折磨。你甚至可以描述出你的不适感："胃里有一种收缩感，跟喉咙里的灼热感一样难受。"在整个过程中请不要分析也不要评判。接着，把注意力转向你的思想。我知道这点是最难做到的："这种自我怀疑算什么呢？这样抱怨又有什么用呢？"

第三步：跳出仓鼠之轮

现在，你已经减少了自我关注。认知活动在你头脑中占据主动地位。你也成功将注意力平静地转移到了自己完成的工作上。你看着刚刚做好的工作，觉得自己对得起那份收入。此时此刻，你的内心很坦然。这种感受不是源于自我意识的鼓吹，而是源于你辛勤劳动的成果。这份自我肯定中不掺杂任何自夸成分，是你对自己所做工作的真实观察与客观评价。此刻，你把全部的注意力都集中到了自己的工作上，你是这个公司运转中不可或缺的一环。于是，你的工作重新变得有价值。不需要别人告诉你，你就知道你的工作有多么重要。此时，你减少了自我关注，痛苦也随之消失了。

"我过着无人问津的独居生活"

第一步：看到情绪

你是独居老人，子女们都很忙。他们会时不时地给你打电话，甚至发电子邮件告诉你，他们爱你，他们想你。你也经常说服自己相信他们。胡斯是如此善解人意，它甚至会对你说："这很正常，他们要挣钱养家，要消遣放松，要还房贷，还要每年旅行。现在的生活开销真是太大了！"

此时，自我意识活动还未向认知活动转变，胡斯继续补充道："那我还有什么价值呢？我已经没有任何用处了。他们不再需要我的建议和经验。我没有用了，就不值得他们来我这儿了。"你的自我意识感到十分挫败。它从任何身份中都找不到价值感。它感觉自己其实已经死了。越是这么想，它就越发沮丧。

第二步：启动认知

幸运的是，三年前，你就已经在练习减少自我关注了。

这项训练没有什么年龄限制，随时可以开始。正当胡斯胡思乱想之际，突然间，那个救命开关启动了，认知的光芒闪现了："哎呀！是我强势的自我意识在作祟。它在奔跑，在手舞足蹈，在我的头脑中制造噪声，让我的脑袋片刻不得安宁！"

你意识到你现在需要把注意力转移到呼吸上，或者转移到从窗户照射进来的阳光上，然而这很困难。因为自我意识不会轻易放弃，它又卷土重来："如果我不是生在这个时代，就会是另外一番局面了，我会被爱和亲情包围。可怜我这辈子都在为这群忘恩负义的孩子付出。"

庆幸的是，你之前的练习让认知活动一直处于在线状态。你的认知就像在树林里奔跑的人一样，时刻保持警惕，观察着跑轮里的仓鼠："小怪兽今天异常不安啊！它这样躁动地跑来跑去，无非是希望得到安抚。但如此的大动作也都是白费力气！因为没有人看到，没有人听到，也没有人能感觉到它。"

第三步：跳出仓鼠之轮

认知活动重新将注意力转移到呼吸或者从窗户射进来的阳光上。胡斯的跑步速度逐渐慢下来了。认知活动在头脑中获得越来越多的控制权。此时，你全身心地投入感受气息进出鼻孔的感觉中。突然，你注意到房间里正在播放着巴赫的音乐。你明明十分喜欢他的作品，刚才却没有听到，因为音乐被胡斯的喧闹声掩盖了。

现在，音乐慢慢占据上风，让你如痴如醉。你将之前准备好的绿茶举到唇边，闭上眼睛，细细品味你喜爱的茶香，一种幸福的感觉涌上心头。到此，你减少了自我关注，自我意识随之消散，留下来的只有真实的存在。

"我知道自己被焦虑牢牢笼罩"

下面说一说这几年来我一直在做的练习，它确实有效。我很享受在短短几秒钟内找回内心平静的过程，哪怕是在我状态最糟糕的情况下，这项练习也十分有效。但我也是练习了好多年才达到这个效果，触发认知开关，减少自我关注，关闭内耗模式。有些人可能更容易做到，希望你属于这类人。但就我而言，这是个相当难的学习过程。

此外，你应该知道，自我意识会不断反扑，它紧紧抓着认知，将獠牙深深嵌进认知的身体中去，拖认知的后腿。

但减少自我关注这一行为一旦开始，你头脑中的仓鼠就不再独享掌控权。只要胡斯侵入你的思想，认知的骑兵就会赶来。

为了更清楚地描述我的练习过程，我将继续分步进行讲解。

第一步：看到情绪

我接下来要描述的事情经常发生在我身上。我刚刚睡醒，感觉不太舒服，一种焦虑感笼罩着我。但是，我才刚刚睁开眼睛啊，还没有做任何事情呢。因为觉得胸口闷闷的，所以我一直赖在床上，不想起来。我清楚这肯定是胡斯在我睡醒之前一直活跃的结果，但此时我还不确切地知道身体的不适是由它天亮后的胡思乱想引起的。我意识到这一点，是在我决定做些减少自我关注的练习之后。准确地说，是我的认知活动决定做这件事之后。

第二步：启动认知

正如过去几年每天早上一样，我开始了练习。胸口闷闷的不适感一直存在，这就导致我懒懒的、不想活动。但习惯使然，我决定还是动起来。

我仰卧平躺在床上，头部保持正直，手臂在身体两侧伸展开来，手掌朝向天花板。在瑜伽中，这个姿势称为"摊尸式"。我把注意力集中在呼吸上。突然间，我清楚地感觉到胡斯有多么活跃，它正在抱怨："哎呀，我今天早上根本不想起床！我敢肯定外面很冷。下了一整夜的雪，路上肯定特别难走。今天要做的这个讲座也让我备感压力，我肯定会搞砸的。而且观众大部分为男性，这是一场讲座中最麻烦的部分。"紧接着，我把注意力重新拉回到呼吸和身体的感觉上：背部与床垫的接触，头与枕头的接触，脚趾与羽绒被的接触。渐渐地，自我意识活动减弱，好像为了让我真切地体验身体的这些感觉，它特意减少了对我神经系统的控制似的。焦虑就这样慢慢消失了，最终平静占据了整个身心。此时，我整个人的状态不再由自我意识掌控。甚至在我起床之前，胡斯就已经开始害怕失去自己

不断寻求的关注，而此刻它跌落跑轮，落荒而逃。我的头脑中只剩下没有自我意识作怪的理智认知，它可是一直保持着时刻准备行动的状态。

第三步：跳出仓鼠之轮

认知活动现在占据了我的整个头脑。我依然专注于身体的感受：呼吸、柔软的布料、安静的房间。摆脱自我意识之后的思考也变得理智、高效起来：讲座的议程、出行计划、演讲的推进。这就像一次无声的排练，我演讲的整个结构在此过程中诞生，而且看上去很连贯，我甚至还加入了几个笑话。至此，我关闭了内耗模式。我对自己说："好了，起床吧，锻炼时间到了！"拉伸、仰卧起坐、骑空中自行车，在做所有这些锻炼时，我的心态都非常平和。此时，疲惫的自我意识已经静默，剩下的只有身体的感觉和一些从自我意识控制中解脱出来的想法。

启动认知练习应该即刻开始，不要想着等有时间再去做。自我意识总会被其索要更多的渴望所驱使：多一点，多一点，再多一点。它可永远不缺时间，如果你听之任之，它将偷走你的人生！

现在开始就让自己投入练习当中吧。

在进一步讨论之前，我们需要先确认一下胡斯此时是否正在

你的神经元之间活跃，确认它有没有在你的头脑中发出噪声。

倾听并辨认仓鼠的噪声

你的头脑中是否充斥着这种声音："他在说什么？他到底想表达什么？他以为自己是谁啊？自以为是！还有前面谈到的减少自我关注，是什么乱七八糟的东西啊？谁都需要自我意识，我的天啊！没有自我意识我将会变成什么样子？我有身体，有过往，有文化，有语言，有年龄，有性别，有国籍。这些东西才构成了真正的我！它们怎么可能在短短的几秒钟内全部消失呢？而且为什么要让它们消失啊？为什么不能与众不同呢？难道我们不应该为了让自己更独特，甚至为了保护这份独特而竭尽所能吗？反正我会继续赞同加强自我关注这个观点！让这个心理医生见鬼去吧！"

你听到这些碎碎念了吗？你看到仓鼠跑轮转动了吗？当这些评价在大脑里迸发的时候，你注意到它们了吗？你首先需要做的就是冷静地确认这一事实："哦，我的整个脑袋确实已经被这些评价占满了！"然后，你要立即看出以下这两种思想之间的区别。一种思想是："这个医生讲的都是些什么乱七八糟的？"另一种思想是："糟糕，是仓鼠在跑轮里奔跑！它永不停歇地奔跑到底想达到什么目的呢？"

此举并不关乎是失去还是保持你的独特性，而是让你学会观察自己内心的想法。你永远不会失去自己的独特性，因为它从生命孕育之初就已经存在。在这些内心想法中，你只需要辨认出哪些是胡思乱想，是胡斯因为担心自己不复存在而产生的。

如果你能做到这一点就太棒了，你已经成功迈出了第一步。

相反，如果胡斯的碎碎念仍然在你头脑中纠缠不休，那么请多给自己一点耐心，你可以在下面的步骤中看到希望。

观察，不让自我意识插手你的事

你想学习如何安抚胡斯对吗？很好！

为了实现这个目标，你必须先认清一个最基本的事实：你不是你头脑中的仓鼠。

我希望你现在已经确信，是这只仓鼠经常在胡言乱语。如果你想找回思想的平静，就必须认识到头脑中这些折磨人的噪声正是由这只小怪兽的奔跑产生的。你只有处在一个真实的情境中才能做到这一点，因为只有真正的经历才会让你发出如此感慨："是的，这个噪声一直在我头脑里。确实是由这个小怪兽制造的，它几乎从未停止奔跑！太疯狂了，它的奔跑控制了我的生活，之前我甚至都没有察觉到。但是现在我知道了，而且我还明白，只有它停止奔跑，我真正的生活才会出现！"

如果你可以迈出这一小步，用不了一年，甚至用不了一周，你马上就会迈出另外一大步。不过这一大步不需要太着急。

然后，你必须保持观察，而且要尽可能积极、密切地观察，以防仓鼠的跑轮运动再次控制你的思想。

刚开始，这确实很难。跑轮一转就能让胡斯获得主导权。比如，你在咖啡机前跟一位同事四目相对，紧接着，砰！你的胡斯立刻启动跑轮："他看起来好像自己无所不知一样，真让我恼火！"或者，在你最好朋友的生日聚会上："她身上穿的裙子是当季新款，我却穿着中规中矩的衣服，永远是陪衬……"

这些想法一瞬间占据了你的头脑。如果不当心，你就会陷入像仓鼠跑轮一样的陷阱，在苦恼和罪恶感、沮丧和敌意之间摇摆不定、左右为难。

这是为什么呢？因为你头脑中的仓鼠担心自己不够出色，所以会不断地和别人比较："房间里还有人比我更出色吗？"在它眼里，出色才能获得关注，获得关注就不会消失。

如果你想保持理智，那就必须学会观察这只不怀好意、伺机而动的小怪兽，并且在观察它四处乱窜的同时，谨防注意力被它的奔跑吸引。

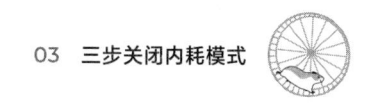

要做到这一点,有一个有效的方法:用鼻子呼吸。

专注于用鼻子呼吸

要想练习不被胡斯吸引走注意力,就需要练习这个既基础又有效的方法:专注于用鼻子呼吸。但是胡斯自视甚高。将注意力集中在呼吸上?区区这种小动作就能阻止它这个伟大的跑轮天才吗?

呼吸至关重要。你需要感受空气,真实地感受它经过你的鼻腔并充满你的腹部。与此同时,你的意识只需要停留在呼吸的感受上,不用在意其他。在尝试之前,请注意:胡斯不喜欢被这样排挤,它会为了改变这种局面卷土重来。

要想让它安静下来,就必须时刻保持警惕,并微笑应对:"看!它又来劲了!又开始制造噪声了!"如果你这样看待那些胡思乱想,它们就会丧失威力,直至消失。

消失吧,思想杂念。之后就只剩下认知,也就是摆脱自我意识的精神活动。如果你能看着强势的自我意识躁动难耐,并且不再受其折磨,你就做了一件了不起的事。

当你成功地把全部注意力集中在呼吸上,并能够观察胡斯带来的思想杂念时，就意味着此时在你的头脑中，自我意识活动被阻断，取而代之的是认知活动。

令人满意的结果

让我们来看看另外一件日常小事。不是多么严重的情况，但是这类小事却经常让人抓狂。

你正在超市排队付款，当就要轮到你的时候，超市却快要结束当天的营业了，经理过来取钱箱里的钱，准备核对账目。糟糕的是，你前面的顾客掏出一叠优惠券来兑换。当扫码枪在你眼皮底下闪过、看起来电力不足时，胡斯发出了它标志性的牢骚："为什么这些事情总是发生在我身上？为什么是我？生活好像在耍我！收银员干活儿磨磨唧唧的！她智商是不是有问题！还有兑换优惠券的那个人，为什么偏偏要挑高峰期来？他做点小事就能逼疯这个世界！还有那个该死的电子玩意儿，不能靠谱点吗？"

你有没有注意到，所有这些句子都是围绕着"我"展开的？"我可是客户，客户可是上帝，如此重要，高人一等；我，独一无二，不能等待。"结果呢？你感到紧张、烦躁、愤怒。总之，此时你的头脑中满是自我意识躁动引发的牢骚。

在这种时候就需要启动认知开关，你应该开始专注于用鼻子

03 三步关闭内耗模式

呼吸，转移自己的注意力，提醒自己："啊！胡斯正在它的跑轮里拼命奔跑。来吧，感受呼吸。"

你会因此成功阻止小怪兽的奔跑，摆脱头脑中的噪声，恢复正常精神状态。不要只停留在阅读我给出的建议上，请将它们付诸实践吧。

你可以把自我意识看作思想的寄生虫，把它想象成一个创造力和智慧的吸食者，它在利用你的聪明才智来缓解自己对消失的恐惧。如果用一个贴切的比喻来说，它就是一只害怕消失的思想的寄生虫。难道你不想尽快摆脱它吗？

你还可以再次展开想象，想象着胡斯浑身都是虱子。画面中的仓鼠不仅令人作呕，还痒得苦不堪言。当你看到你的仓鼠把自己抓得近乎血肉模糊，把你折磨得死去活来，直至无法再忍受的时候，你最终将学会把注意力转移到生命中那些值得让你驻足的事物上：傍晚唯美的光线，雨滴在屋顶上跳出的醉人舞蹈，晨曦中树皮上闪烁的金色亮光，以及其他未被自我意识污染的世界所带来的各种各样的美好。

如果你真能做到驻足欣赏这一切美好，那只永远害怕不被认可、永远没有存在感的仓鼠，以及由此产生的那些不断强调自我的抱怨，最终都会平静下来。一旦摆脱了它的控制，你就不会再有各种病态的需要——被想到，被注意，被爱护，被关注，被告知你是美丽、优秀和聪明的。你将不再为了强行灌输自己的观点而不惜一切代价去斗争。对你来说，你喜欢的球队是赢是输，你支持的明星获奖与否，这一切都不再重要。你将不再试图从升职加薪中寻找幸福感。因为你会知道一切都不是永恒的。今天困扰你的大多数问题终究都将变得无足轻重、无关紧要。因为胡斯不会再在你的头脑中纠缠。

于是，你头脑中出现的所有想法都将只有一个目的：让生活变得更加轻松。像仪表盘上的指示灯一样，它们会告诉你哪里正常，哪里不正常，并引导你找到解决问题的正确方法。你的思想将不会再被自我意识吞噬，它会变得自由、超脱。因此，当厕所漏水时，你的头脑中不会再出现"为什么这种倒霉事总是发生在我身上"这一类的抱怨，而会出现"所幸没有造成更大损失。我等会儿找个朋友请教，他一定会帮助我"这种解决问题的办法。

当思想从吞噬性的自我意识中解脱出来之后，它将不会再折磨你。不仅如此，它甚至会引导你走上减少自我关注之路。在这条道路上，自我意识将不会再插手任何事务，它会让位给真实的存在。

胡斯藏在哪里

我知道你已经很努力地练习了，是时候休息一下了。下面是一个简单的小测试，可以帮助你检测一下刚刚学到的内容。

03　三步关闭内耗模式

你能辨认出以下几组句子中，哪几句隐藏着胡斯的胡思乱想吗？

第一组：a. 哎呀，冰箱里没剩下什么食物了，我们去买一些吧。b. 为什么总是只有我注意到冰箱空了？我可不是这个房子里唯一吃饭的人啊！单靠爱和自来水是生存不下去的，难道只有我一个人明白这个道理吗？在这个家里，为什么总是我来做所有的事情啊？！

第二组：a. 你应该把车开离这个出口。b. 闪开些！你挡住我的出口了！不会开车，就让会开的人来开！

第三组：a. 我们最好在积雪变硬之前清理门口。b. 这个鬼地方！为什么我出生在这里？！如果我的父母当时有勇气搬到南方，我就可以生活在阳光下了！住在这个鬼地方，真不知道他们怎么想的！

第四组：a. 管道的毛病，你是永远都不会搞明白的！ b. 我已经告诉你至少 5 次了，这个管道需要修理。你从来不拿我的话当回事！

你肯定已经注意到了，第四组是个陷阱；两个回答里都有自我意识在捣鬼。但是，如果你前三题的回答都是 b，说明你的胡斯很擅长在跑轮上飞奔。

请记住，胡斯只想赢得赛跑。

当人们发生口角时，你有没有看到自我意识是如何侵犯每一个人的想法的？每个人都在为自己的观点辩护，激动得就像保护自己的身体一样。在这个过程中，甚至身体也跟着起反应，心跳加快，脑袋发热，俨然一副自己受到攻击的样子。然而他们谈论的只是一个观点，只是简单的几句话而已！

那么有没有解决办法呢？肯定有的，你要明白的是有一点与你认为的不同：你并不等同于你的观点。即使这个观点是正确的，它依旧不等同于你。你那自以为很聪明的小脑袋能理解这一点吗？

请给自己 5 分钟的时间。把你的手表放在面前，对自己重复以下问题："我等同于我的观点吗？"如果你回答是，哪怕就一次，那你就十分需要帮助，因为这说明你已经病入膏肓了。事实上，你的生活好坏完全取决于头脑中这只仓鼠，但是，我向你保证，要找到一位兽医来治疗这只啮齿动物并不容易。

然而，当你的胡斯遇到对方的仓鼠时，它们都企图把自己的想法强加给对方，并丝毫不想反思自己的所作所为，这时候该怎么办呢？答案就是：让自己更理智。

有些人头脑中的小怪兽变得气急败坏时，会朝对方脑袋中的对手拳头相加，以阻止它们的跑轮转动。这些脑袋往往属于那些

03 三步关闭内耗模式

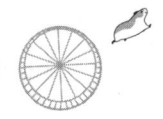

和他们持不同意见的人，包括他们的配偶和孩子。若将范围再扩大些，这些好斗的仓鼠会向成千上万不同信仰、不同肤色、不同语言的对手发起攻击。

这个时候，必须回到我们讲过的那神奇的一秒钟，那一秒清醒的、属于认知的时间。但我想重申的是，这是最难征服的一秒钟。真正的聪明才智会在这一秒中显现出来。我所说的真正的聪明才智，不是设计超级复杂机器的能力，而是在胡斯即将启动跑轮之时将其阻止的智慧。比如当胡斯刚刚跳上了跑轮，并且已经开始转动它时，随之而来的就是像下面这样的攻击言论："白痴才会给自由党投票！他永远不会明白！不管怎样，凭借他两个耳朵中间长的那个脑袋怎么可能明白呢？"

我所说的理智，就是当胡斯主导你的思想时，你可以成功观察到此类言论。你不仅要观察到你自己的仓鼠，还要注意到对方的仓鼠，从而对这两只入戏太深、争强好胜的仓鼠产生怜悯之情。

在我看来，理智者身处这种情境时，不会做出任何评论，只是告诫自己不要牵扯其中。

所以，下次当你进入了某个涉及两种选择的讨论中，并且你严重倾斜向其中一种选择时，我希望你能有这样的反应："我们头脑中的仓鼠正在赛跑！应该是这只的跑轮转得最快或者发出的牢骚最多！但是又有什么用呢？就算是仓鼠这样全速奔跑，我也得不到什么。我又试图赢得什么呢？为什么要这么拼命呢？我不是仓鼠，可仓鼠是我的朋友啊！不，最重要的是，仓鼠是我的朋友。"

当你难以走出恶性循环，或意识到自己始终在兜圈子时，就在纸上写下你头脑里想到的一切，毫无顾忌地写下一切，哪怕是辱骂、侮辱、诋毁、言语攻击。然后去散步、做饭或吃个苹果，将注意力放到这个过程的每一个细节上：脚踩地面的感觉、切碎蔬菜的过程、把苹果送到嘴边的手势、咬下苹果的清脆声……在5分钟的冷静之后，再来看看你之前写字的那张纸。如果你此时已经恢复理智，你就会看到刚才头脑中的仓鼠把你带入了一个何其荒谬的境地。

04

你有情绪,因为总爱身份代入

我当下有问题吗?

《当下的力量》作者 埃克哈特·托利

胡斯之所以能在你头脑里制造出如此多的噪声,是因为它身份代入的过程。如果没有这个过程,也就不会产生自我意识。

胡斯不是从天而降进入你头脑的。事实上,它来到这个世界的过程还要从一个小水洼说起。

那是很久以前,生命刚开始以飞鱼的形式跳出海面。在跳出海面后,这条鱼平生第一次落到了地面上。于是惊慌失措的它很快找到了一个小水洼,并把它作为自己的领地。

随着它不断地在这片小水洼周围的卵石上摩擦腹部,它渐渐地长出了爪子,变成了爬行动物。身体发育的同时,它也迈出了身份代入的第一步,不知不觉中,它对这片赖以生存的小水洼产生了越来越强的身份代入感。因为这个小水洼,它将自己与其他生物区分开来。

正是由于这一奇怪的身份代入过程,胡斯成为它所拥有的一切东西。起初,它只是那片不起眼的小水洼。现在,它是它的房子、它的城市、它的国家、它的花园、它的猫、它的宗教、它的知识、它的想法、它的意见、它的言论、它的评价、它的眼镜、它的领带等。如果没有所有物可以代入,它很难感觉到自己还活着。

毋庸置疑,一个人对自己形象的关注是至关重要的。毕竟,形象决定了人们对你的第一印象。

但是,哪怕已经拥有了最完美的形象,胡斯也绝对不会离开它的跑轮,跑轮对它而言就是当代版的小水洼。即使它拥有三套房子、四辆车和一艘船,仓鼠依然会选择留在跑轮中。哪怕数以百万美元的钱财或者最新的高科技产品也不会让它离开。无论拥有多少财产,它都不会停止奔跑。相反,它拥有的越多,就越害怕失去。所以,你的思想之所以会被担心失去东西的恐惧感所困扰,正是由于胡斯在躁动不安,产生了那些折磨人的胡思乱想。

在此,我还是要冒昧地重申我的观点,解决办法依然是让自

04 你有情绪，因为总爱身份代入

己变理智。如果你问别人："你是谁？"而对方回答："我是我的耐克鞋，我是我的苹果手表，我是我的香奈儿套装，我是我的欧克利眼镜，我是我的奥迪汽车，我是我在库尔舍维尔的小木屋……"或者："我是我那件不那么保暖的套装，我是我那双有洞的鞋子，我是我那个漏水的马桶，我是我那辆破车，我是我那辆生锈的自行车……"你会怎样反应呢？你会觉得这些答案很可笑，不是吗？你之所以痛苦，是因为自从鱼变成爬行动物，并将它居住的小水洼与自己混淆以来，这样的胡思乱想一直没有变。

下次感觉自己深陷此类困境时，不如想一想上面讲的身份代入过程。在胡斯启动跑轮之前，就把跑轮停下来，并试着将此举变为一种本能反应。你头脑中的仓鼠之所以会躁动不安，是因为它感受到了威胁。

威胁会表现为各种形式，也会出现在任何地点，在办公室可以出现，在餐厅同样可以出现："为什么这次还是我结账？看电影，看戏剧，不管去哪儿，统统是我结账！为什么我女友不结账？她也工作赚钱啊！给她付钱，我对她也就这点价值了。"

这时，认知该上场了。在跑轮边放根棍子，随时准备应对胡斯吧。

通过练习，强势的自我意识一有风吹草动，认知就会察觉到。当账单被送上桌的那一刻，你的认知能力就应该开始观察跑轮的启动和运转了。

跳出仓鼠之轮　ON EST FOUTU, ON PENSE TOUJOURS TROP

"我女友刚刚点了鹅肝！还有烟熏三文鱼！价格不菲，但是点菜时她却表现出一副理所当然的样子，我从来没有得到过她的一句感谢，我敢肯定她把鞋子都看得比我重要！"这时候，你必须转移自己的注意力："好吧，又开始了！我头脑中的小怪兽又失去理智了！它觉得受到了威胁，这个可怜的家伙。"

是的，训练有素的认知可以观察到这只不安分的仓鼠，它正面带微笑地站在跑轮前。这种观察可以引导关系向好的方向改善，如："亲爱的，我想和你谈点事。我头脑里一直有只仓鼠在跑来跑去，它在我很小的时候就存在了。它的存在导致了我与金钱的扭曲关系。这对我们的关系来说是一个不安全因素。我想在这个问题变得更严重乃至爆发之前和你谈一谈。"那个感到被羞辱、被鄙视、被拒绝的自我意识稍后就会开始一场分享内心感受的对话。

我想，你现在更了解一些了。无论在哪种情况下，只是自我意识，即仓鼠，感觉受到了威胁，但并不是真正的你受到了威胁。真正的你永远不会受到威胁。那到底什么是真正的你呢？我们后面将会回答这个问题。

此外，对水洼产生的这种身份代入感并不能使人更快乐。相反，水洼，也就是所拥有的东西面积越大，自我意识的威力就越大。换句话说，一个人越是把自己与所拥有的东西联系起来，对失去这些东西的恐惧感就越强烈。

如今，这个水洼已经变成了无底洞。这也就是为什么胡斯会奔跑乃至变得癫狂的原因。它日复一日地给自己武装上自认为可以使自己变得坚不可摧的东西：谈资、物质、人脉、假体、发型……它加倍努力使自己变年轻、变强大，即使万一自己哪天消失了，也无论如何都要留下哪怕一点儿影响力。

但是，我有一个非常糟糕的消息要告诉你：自我意识永远不会因为感到自己足够强大或完美而不再害怕消失。恐惧和自我意识永远密不可分。

只要你有自我意识，你就会恐惧。

05

你挣扎，因为热衷与人较量

> 不想前进的最好方法是固守着陈旧观念。
> 　　法国诗人　雅克·普雷维尔（Jacques Prévert）

为了更好地揭示身份代入如何导致自我意识的出现并引起心理上的不安，我将借助日常生活中的其他例子，继续采用逐步分解的方式进行讲解。你现在已经明白，身份代入这个过程发生得非常快。

自我意识热衷于身份代入，是因为它认为自己拥有的身份越多，死亡的可能性就越小。

当你在电视上观看一场比赛，即使不认识任何选手，你的自我意识也能在短短几秒钟内找到自己心仪的对象，并将自己代入

这个对象中。一瞬间，胡斯就可以在它的众多身份中再增加一个新的。如果代入对象受到威胁，比如看到它最喜欢的球员被击败，胡斯就会在它的跑轮上飞速奔跑，引发情绪风暴，让你感受到压力、沮丧、愤怒等负面情绪。一旦情绪卷入其中，所有的事情都会脱离正轨。

当我还是孩子时，这些情绪，比如羡慕、嫉妒、骄傲等，被称为致命的罪过。大人跟我说，不许触犯其中一条！时隔多年回头再看，这个说法确实有道理。但是如果他们能够再向我进一步解释，痛苦潜伏在羡慕、嫉妒和骄傲中，一旦我们情绪失控，就会有麻烦，那么我会更加理解这个说法。下面我继续展示如何摆脱这种麻烦。

三步关闭内耗模式

ON EST FOUTU
ON PENSE TOUJOURS TROP

"买好车的人一定是有病"

第一步：看到情绪

你朋友买了一辆好车，行驶在街上十分引人注目。你的胡斯马上就进入了比较模式："你看看，现在汽车满大街都是，再也不像过去那样稀奇了。很多车都是由廉价劳动力制造的，汽车就是现代资本主义的产物！买车时完全不考虑被剥削者的感受吗？我就干不出这种事儿！而且等着瞧吧，等它发生故障时，你就会付出惨重的代价！"你的自我意识已经将自我身份代入了自己的车上，无法忍受别人有比它更好的车。你情绪激动、全身紧绷。如果医生现在给你做身体检查，当场就会给你开镇静剂。胡斯却依然不依不饶："我买的下一辆车一定更好！"

第二步：启动认知

轮到真正的你上场了。认知活动获得了主导权："糟糕，我把自己当成我的车了。胡斯利用朋友的车让我丧失了理智。

第三步：跳出仓鼠之轮

你随地一坐，开始观察自己身体的感觉和头脑中的想法。这时，思想杂念依然活跃："我朋友的车让他更有面子，更有尊严。"你注意到了这一切的荒谬，并且究其根源：你绝对不是你的车。接着，你的嘴唇上浮现出一丝微笑，欲望和挫败感也随之消失。

你刚刚明白了什么是真正的理智，清楚地看到了尊严所在。你现在可以在纸上写出下面的文字。

只有自我意识的世界才存在高低贵贱之分。认知不知道什么是优等、什么是低劣。对它来说，这类区别统统不存在。认知只对真实的东西感兴趣，只对和自身有关的东西感兴趣。它还对人的脆弱和互助感兴趣。人类通过照顾新生儿、病人、老人这些最脆弱的人而得以生存。不管你愿不愿意，从出生的那一刻到最后咽气的那一秒，我们每

一个人都会在某些时候经历脆弱。尊严在对弱势群体的关怀中得以体现。我们之所以能够生存下来，并不是由于不断强调自我的存在，而是因为我们懂得分享与分担。

"看看是谁埋头苦干却一事无成？正是在下"

第一步：看到情绪

我在一家书店翻阅着法国作家克里斯蒂安·博班（Christian Bobin）的一本书。突然间，我看到了这句金句："谦虚是一把金钥匙。如果你假装把它拿在手里，它就会消失。"这句话说得确实有道理。胡斯这时突然变得激动起来："为什么我写不出这样的句子？为什么有的人天赋异禀，而有的人埋头苦干却也创造不出任何了不起的东西？为什么前者是他？后者是我？"紧接着，在我头脑中，胡斯的抱怨掩盖了博班这句话的魅力。羡慕和嫉妒渗透到我的每一寸毛孔中，并表现了出来。

第二步：启动认知

此时的我感觉很糟。这一刻，认知开关开启："15秒前，我还不是这样的。到底发生了什么事？原来是自我意识很受伤。它替我感到悲哀的同时，也妨碍了我的创造力。它占据了我的整个思想，整个大脑腾不出一点空间去发现和品味人类创造的美好了。来吧，该减少一点对自我的关注了。"

跳出仓鼠之轮　ON EST FOUTU, ON PENSE TOUJOURS TROP

第三步：跳出仓鼠之轮

　　我站在书架中间，闭上眼睛。为了将博班的这句名言铭记于心，我刚刚又读了好多遍。我把所有的注意力都放在这个句子上，仔细品味着它的韵律和深意。现在这句话占据了我的整个大脑。自我意识活动过渡到了认知活动。嫉妒消失了，关注自我的行为结束了。剩下的只有这句名言娓娓道来，传递着它的内涵。

我们的身份并非不朽

　　对于有读者反问"你是医生吗"这个问题，我今天给出的回答是："我学习过一些医学知识，并从事过相关工作。"有些人听到这种答复后会表现得有些惊讶。然而，我的回答并不完整。为了确保答案完全客观和准确，我必须采用以下这种更加奇怪且脱离任何身份的形式来回答："你面前的这个大脑曾经学过医。它学过一些医学知识，其中大部分的客观知识来自数世纪以来其他学者的研究、观察和联想。产生或存储知识的不是自我意识，而是神经元。神经元没有任何身份，它们就只是神经元，仅此而已。"你可以想象对方此时的表情该有多么惊讶，特别是如果我继续说："此外，这个回答你问题的大脑已经使用了这些知识，并获得了相关经验。因为这些经验，它已经形成了人们所说的临床直觉，造就了致力于预防人类遭受不必要的疾病的强烈意志。"

05　你挣扎，因为热衷与人较量

当然，这一番话同时也为存在于该大脑中的自我意识赢得了不少好处：社会认可、地位、特权……自我意识喜欢说"我是医生"，因为它能立即从对方的脸上看到它想要的效果，它享受人们对它的态度。但是，这个大脑现在清楚地知道自我意识是如何压抑想要为他人服务的认知活动的。它知道骄傲才是痛苦的来源，自我意识永远不会因为得到足够多的认可而感到满足。最重要的是，行医救人的精神活动要摆脱自我意识的束缚，要完全自由地倾听病人、了解病情并提供适当的治疗。

这时候，就需要发挥减少自我关注的能力了。

奇怪的是，当我还是个孩子的时候，大人教育我们说，骄傲是致命的罪过。从那时起，我就一直被一个问题困扰，很长一段时间都没有找到答案，我心想："骄傲的终极表现难道不就是自我意识对不朽的渴望吗？"换句话说就表现在：我是如此出类拔萃，以至于无法想象我不可能永生。现在看来，即使是星星也会最终消失、不再闪耀。

请别再在意那些无关紧要的屁

作为一名医生，我亲眼见过很多人死亡。有些人在临终前还很在意别人对自己的看法。自我意识利用他们濒临死亡的身体里所剩无几的那点能量来维护他们去世后在他人心目中的形象。我记得有一个病人腹部胀气，但他却拒绝放屁排气。我们可以看到他头脑当中的胡斯在作祟："我不会在公共场合放屁。如果我在医生面前任由自己放屁，那医生会怎么看我？"

幸运的是，他周围的病友都在不顾个人形象积极地配合治疗。在护士们的专业陪护和耐心劝慰下，这个病人最终明白了排气的重要性，并且接受了亲人出于关爱的在场陪伴，不再害怕被人议论。最终，他的身体放松下来。

就这样，小小的自我意识在生命面前让了步，在最后的挣扎中，它选择了停止奔跑、挽救生命。它或许还会对我们说："感谢你们勇于做自己。"

坚持不懈地练习

在以下一系列的表述中，你认为自己是什么？请勾选以下与你的答案最相符的内容。你可以随意添加词条。

超级英雄，医生，万人迷，摄影高手，艺术家，诗人，厨师，水电工，病人，上班族，环保人士，管理者……

好的，就到这儿吧。再添加下去，写成百科全书也写不完。你刚刚选择了艺术家，还是诗人？你的同伴选择了上班族，还是摄影高手？你有没有想过自己明天会是什么样子？10年后这些词条还能代表你吗？一切都很难说。

05 你挣扎，因为热衷与人较量

那么你是什么呢？请注意，我问的不是"你是谁"，而是"你是什么"。花点时间，暂时反思一下"谁"和"什么"之间的区别。

现在试着在 5 分钟内不使用"我"，不要让你周围的人知道你正在干什么。试着在与他们交谈时不要使用"我"或"我的"。寻找其他的表达方式来代替。你会发现这并不容易。

然后，当你独自一人时再次练习，并留意有多少个"我"从头脑里飘过。数一数 5 分钟内"我"出现的次数。你会发现，在试图计算它们的使用次数的过程中，你会减少对它们的使用。这是另外一个减少自我关注的小技巧。

在与别人进行思想辩论时尝试同样的练习。与其试图攻破对方的辩解，不如在自己的讲话中围捕一下自我意识："看，是自我意识在试图为自己辩护，它不惜一切代价想要取得胜利。但是如果它赢了，又能为地球上的生命带来什么改变呢？"请注意，你的自我意识活动会鄙视对方的自我意识活动，把这看作一场生死搏斗似的。然而，在一个理想的世界里，如果是认知活动主导着交流，就不会产生对抗，只有就双方采取最合适的行动方式展开的对话。因为两个没有自我意识的思想会让双方更丰富和充实，这一点千真万确。

06

你被旧事困扰，因为喜欢改写剧本

只有我不知道神明是什么的时候，神明才会存在。

印度哲学家　吉杜·克里希那穆提

你刚刚与女友度过了一个亲密的周末。此时，你坐在公园的长椅上，双脚踩在秋叶上回味着。你的脑海中一遍又一遍地重现你们亲密的画面。你享受着这些画面给你带来的幸福感。

你坐在长椅上，沐浴着傍晚淡淡的夕阳，此时，胡斯正在你的脑海中放映爱情电影，你就是电影中的主角。在放到亲密场景时，你身体里的每一个细胞似乎都在膨胀。

突然，画面发生了变化，胡斯似乎毫无征兆地调换了频道。这一次，映入眼帘的是你女友的脸。那是一张捉摸不透的面孔。

06 你被旧事困扰，因为喜欢改写剧本

每次你跟她谈到未来规划，这张脸都会背过去，简单地回复一句"我不知道"。当你在捡起散落在地板上的衣服时，她对你重复说道："我不知道，我不知道，你走吧！"于是，电影结束，放映机骤然停止。按照正常的放映程序来讲，此刻放映厅里的灯光应该亮起来了。

你依然坐在长椅上。公园里的孩子们正在你面前玩耍。他们相互扔着秋叶，像小鸟一样欢呼雀跃。微风轻柔，夹杂着焦木的芬芳。阳光和煦，但是你却在哭泣。现在发生了什么？刚刚又发生了什么？事情很简单，而且发生的过程只用了一瞬间：自我意识的自恋情结在电影放映内容上做了手脚。真枪实弹的爱情被自我意识强行踢出了屏幕。此时萦绕在你脑海中的想法与情爱没有任何关系，都是些自我意识自恋的滑稽行为。但是爱既不存在于昨天，也不存在于明天。我们经常会在手镯、吊坠和墓碑上看到"我爱你，比昨天多，比明天少"这句名言，现在看起来，这句话就是在胡说八道。请注意：爱是眼下！爱是当前！爱是不受胡斯控制的！那么，如何全力以赴去爱？答案是：叫停胡斯在我们头脑中的躁动行为。

胡斯会立即拒绝任何一个让它预感到自己会被抛弃的人。它以奔跑的活力来衡量自己的价值，每时每刻都会评估自己在对方眼中是否有失去魅力的减分项。这就是为什么它热衷比较、衡量和评判。它之所以会感到自己被忽视，是因为它认为自己不具备取悦他人的价值了，或者自己还没有完全与身份代入对象融为一体。只要感觉跑轮稍有减速，它就会发出噪声。然后，整个人都

069

会受到影响,痛苦就会扩大。任何事情都不会再顺利进行。

ON EST FOUTU
ON PENSE TOUJOURS TROP

启动认知练习

进入头脑中的电影院

正如你现在所知道的,避免这种不适的解决办法很简单:学会观察,并懂得头脑中的画面和身体的感觉是密切相连的。的确,随着画面在头脑中的变化,身体中的变化也通过感觉随之而来。

我们可以发掘自己掌控这个过程的能力,为自己设置一个场景,有一个公园、一张长椅、一阵暖风、一个傍晚、完美的光线、孩子们雀跃的笑声……总之,找一个安静的地方。

现在进入你头脑中的电影院。从你神经系统中尘封已久的诸多影片中选择一部。最好选择一个爱情故事,更确切地说,是在你的生活中选择一个以令人陶醉的美梦开始、以讨厌的噩梦结束的爱情故事。谁没有经历过感情挫折呢?现在,请在你的脑海中播放一段爱情片段。来吧,不要觉得尴尬,这只是一个练习。观察流淌进你每一个细胞的快感,感受它的蔓延。这种感觉是瞬时的。

然后切换场景。选择一个能使你回忆起梦想被击碎、一切都失控的时刻。这很难,不是吗?你想继续你的爱情

体验，想让这种感觉持续，然而一瞬间，你又回到了过去，那个声音再次响起："我做不到，我给不了你承诺。一生只与一个人恋爱，这种生活不适合我。算了吧，再见。"

请注意观察在你内心引发万千波澜的不适感。同样，它也是瞬时的。观察身体的化学反应、激素和生理变化。几个画面就足以引起这些身体变化，不需要太多。请务必注意观察。

现在走出你头脑中的电影院。你依然身处刚开始选择的那个安静的环境中。请用鼻子深吸一口气，闻一闻周围的芬芳，感受双脚与地面接触的感觉，看看玩耍的孩子们，把你全部的注意力都集中在他们的手舞足蹈、欢声雀跃和天真烂漫上。请保持全神贯注，感受能量流经你的整个身体。我不是开玩笑：感受一下吧，就在这一刻，你进入了没有自我意识束缚的生活境界，感受"最初和最后的自由"，这句短语也是吉杜·克里希那穆提的一本书的书名。

此刻，一种摆脱了胡斯折磨的幸福感包围着你。

然而，要时刻保持警惕，因为这只小怪兽随时会搞突然袭击，重启抱怨模式。如果你留心观察，就会发现它跃跃欲试，试图重现，甚至会觉得它的死缠烂打很可笑。但是当胡斯反扑时，还是请重新把注意力放到玩耍的孩子、周围的芳香和微风的轻抚上。你会经历许多次自我意识试图重现的过程。

最终，你的大脑平静了下来，这种平静让你感到快乐，而不是觉得自己独特。事实上，你身上没有任何东西使你显得独特。没有人在遇到你后会转身说："看，他看起来多么自由啊，完全不受痛苦的折磨。"你看起来很普通，甚至会埋没于人群之中。你不会在任何一个地方一出现就吸引众人的目光，但是你知道自己的感觉有多好，有多轻松。

在某些情况下，这种轻松的思想状态可能会给你招致批判。请不要惊讶，我们来了解一下具体是怎么回事。

其他人头脑中的胡斯可能会想要攻击你思想中的这份宁静，指责你身上的这份从容，因为你的状态让它们感到不安、不舒服，甚至恼火。自我意识争强好斗，因为它沉迷于那种胜利的幻想，就是破坏一个意见、一种想法、一种观点，所以它不仅接受挑战，还会主动挑起纷争。

自我意识在任何情况下都想成为赢家，因为对它来说，输就意味着消失。它寻求战斗，试图通过胜利证明自己总是活力满满。这就是为什么你的平静让它恼火。

但是，请放心，你是安全的。因为在这场决斗中，你不再拥有那个跃跃欲试的自我意识，一个会反抗、抱怨、生气、攻击、反击的自我意识，简言之，就是你不再拥有那个会冲动的自我意识。

06 你被旧事困扰，因为喜欢改写剧本

那么你拥有什么呢？你拥有自由，你拥有一个神圣不可侵犯的空间。然而，你也要保持警惕，只要胡斯一出现，你就会看到它投身于挑唆他人决斗的游戏，并乐此不疲。你会提议用沟通代替决斗，因为你知道决斗和沟通带来完全不同的结果。你追求的是真理，而不是胜利。真理是可以由双方合作共同发现的。如果沟通的提议被拒绝了，你该怎么办呢？那你就结束互动，你可以说："我寻求的是沟通，而不是决斗。"

事后，你也不会在头脑中复盘本次事件："我就应该和他决斗，证明他错得多么离谱！"或者："我真懦弱，我从来没有站出来证明自己是对的。我就是个窝囊废！"

现在你已经知道，你脑海中的画面只是对过去某些事件的复盘。它们绝对不是现实。现实，你已经经历过了。现在你能做的也只是脑补一场戏，一部投射在你的思想幕布上的短片。但是它毫不真实，除非你真的可以从这场脑补大戏中总结出一点经验："如果我当时再做点什么，是否就能促成我们的对话，给我们的合作增添一丝希望呢？"否则你纯粹是在浪费时间看一部很糟糕的电影。

如果你能让自己避免走进头脑中的电影院，你的思想就会回归平静，这就是减少自我关注的体现。

试试吧，试过你就知道效果了。请务必全神贯注，集中你所有的注意力，直到你的头脑中空空如也。

如果你在尝试了这个方法后还是得出了同样的结论，那是因为胡斯仍然被恐惧所追逐，在你的头脑中奋力奔跑。

我们是如何改写剧本的

有时，当听到病人向我诉说他们的苦恼时，我就有种想笑的冲动。我知道这听起来很可恶，我可以听到你的心声："一个医生面对病人的痛苦，怎么可以想笑呢？那可是你的病人啊！"我向你保证，我当时拼命收紧我的脸颊，因为我不希望这种反应被当作是缺乏同情心的表现。事实上，我确实深感同情。相信我，我发自内心地感到同情。

那么为什么我想笑呢？因为我看到了这个人脑海中臆想的恐怖画面。我看到他在脑补一场大戏，他自己却没有意识到。

我想在这里再次呼吁，必须把臆想和认知区分开来。

想象一下，你正在影院看电影，放映的是一个连环杀手的故事。这个杀手是个精神病患者，性格古怪。你对他恨之入骨，从你在椅子上的动作就可以看出，你的整个身体都在恨他。这个卑鄙小人专门诱惑那些天真、无辜和脆弱的受害者上钩，这些受害者都像你一样心地善良。你希望惩罚他，狠狠地惩罚他：捏他、扭他、拉他。接着，女主角出现了。她跟你很像，笑的

06 你被旧事困扰,因为喜欢改写剧本

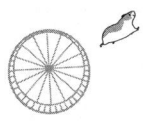

时候嘴巴一样,生气的时候鼻子一样。你喜欢这个女人,并担心她的生命安全。她和那个人渣有个约会。她喷了香水,做了头发,把自己打扮得漂漂亮亮。你坐在椅子上默念:"不,不要去。"但她并没有听到你的忠告。她出门了,满面春风。她穿着她最好的鞋子,那鞋子是你一直梦寐以求的。她离那个混蛋等她的地方越来越近了。你握紧椅子的扶手,心脏怦怦乱跳。突然间,你看不到那个疯子了。他从屏幕上消失了。他在哪里?他到底在哪里?女人走进了他们约定的那条小巷。她丝毫没有怀疑,很相信他。她真的很像你,信任他人是你的一大优点,不管到哪儿,人们常常这么评价你。此时,你的肌肉紧绷僵硬,紧张的音乐似乎从你的神经中散发出来。女主角停下了脚步。她拿出手机查看详细地址。突然间,影片中响起砰的一声。你浑身颤抖,失声尖叫。一个杀手不知从哪里冒了出来,他从后面抓住了她,扯着她的头发,捂住她的嘴巴,搂住她的脖子,就这样控制住了她。但出人意料的是,女主角进行了自我防卫。

女人后退,用胳膊肘顶住他的肋骨,仰头猛撞他的鼻子,抬起脚往后踹他的小腿,砰!砰!砰!连续踹了三下。接着,她转过身来,用膝盖猛地撞向他。男人痛得直不起腰,不住地呻吟。她趁势又举起手里的手机砸向他的耳朵。你的膝盖此时也不自觉地高高抬起,仿佛在椅子上跟她并肩作战。你感觉自己好像击退了世界上所有的坏蛋,一种成就感涌上心头。电影里,那个败类躺在了地上。电影外,你的身体放松了,你终于松了一口气。

电影结束了,你觉得很开心,已经完全忘记了刚刚在大脑中

击退了一个坏蛋。不管怎样，反正他也不是什么好人。你现在只觉得很饿。这是一部好电影，它给你传递了积极力量。你已经准备好迎接任何挑战，没有人可以阻止你，尤其是那些坏蛋。

但是在过去的这两个小时里，你的大脑在想什么？你变成了谁？如果有人在聚精会神看电影时问你："你现在是谁？"你会怎么回答？

我们刚刚看到了身份代入的整个过程，的确很过瘾。

想象一下，当你的指甲抠进椅子扶手时，那一刻你意识到了自己到底在哪里。想象一下，你当时的注意力突然转移到了臀部与皮革的接触、双脚踩在地板上的感觉，以及周围观众脸上的惊愕表情。想象一下，你当时意识到了自己的身体状态，那种想揍他的冲动，以及咬紧的牙关。想象一下，你当时发现了左边的门上写着"出口"字样。所有这些场景都让你大梦初醒。突然，你眼前一亮，瞬间恢复了清醒，对女主角的身份代入也被打断了。你意识到自己刚刚沉浸到了电影情节中，敌意、仇恨、恐惧，所有刚刚还压在你身上的情绪此刻都释然了。你会心一笑，意识到自己刚刚不可自拔地沉浸于影片，甚至完全忽略了这一点。这正是当我听别人讲述他们的痛苦时，发生在我身上的情况。我看到了他们脑海中的画面，也看到了他们沉浸其中的样子。

你的大脑就是一个电影院。在大脑的显示屏上，有精神病患者和受害者。有时，你会让自己代入到精神病患者的身份，有时，

06 你被旧事困扰，因为喜欢改写剧本

你是受害者。而且这种状态在现实生活中可能会通过你的行为举止表现出来：羞辱他人、拳打脚踢、背叛爱人……

当大脑正处于角色代入过程中时，它可能什么事情都做得出来，即使是最令人厌恶、最十恶不赦的事情。我们只要读一读 20 世纪的历史，就会明白这一点。一个对自己不甚了解的大脑极其危险。如果它坚信自己说的话，自己编造的故事，以及自己做出的判断，那么它会实施各种难以想象的暴行。但是这样的暴行，到底是怎样被想象出来的呢？很简单，只需要让胡斯在头脑中奔跑起来。这只仓鼠会给最脆弱的人带来最剧烈的痛苦，而且无论如何，它肯定都自觉有理。

即使在事情发生后很久，它仍然坚信这一点。此外，它一直重复告诉自己：我夜以继日、孤孤单单地藏在大脑中，困在跑轮里。它告诉自己这是必要的，必须这样做，才能让自己流芳百世。胡斯总是会为自己编造理由，直至生命终结。毫无疑问，它最终会在自我肯定中死去，连同它奔跑时所在的大脑一起死去。一切都是自欺欺人。一个从未被认知主导的大脑，以为自己体验过，但其实从未体验，一生都在自欺欺人。

然而不幸的是，这个世界上有太多这样自欺欺人的大脑。

现在让我们再次回顾身份代入的过程。令人不可思议，在短短几个小时内，你就能在好人和坏人的身份中来回切换。对某些人而言的好人，在另外一些人眼里就是坏人，反之亦然。这段时

077

间，你经历了一系列复杂的情绪：仇恨、快乐、悲伤、兴奋、自豪，这些情绪让你感觉自己活着。你消灭了坏蛋，你为人所崇拜，你赢得了胜利。你终于算得上是个人物了。

在一个体育场里，有穿红衣服的红队球迷，也有穿蓝衣服的球迷蓝队。当红队进球时，红队球迷会向蓝队球迷叫嚣。当蓝队进球时，蓝队球迷则向红队球迷挑衅。有些人互相辱骂，有些人甚至彼此掌掴。最终，有赢家也有输家，几家欢喜几家愁。

在职场上，职位决定了各自的立场。对某些人而言的好主意，在其他人眼中可能是坏主意，反之亦然。每个人都确信自己是对的，对方是错的。大家都认为，支持自己想法的人就是好人，支持对方想法的人就是坏人。你可能讨厌坐在对面的白痴，讨厌到整个身体都在表达抗拒。你可能表面上说着欣赏对手，但是内心深处恨不得对手遭受痛苦折磨，当然你永远不会公开这样说。

问题不在于人类有思想。因为有思想，人类现在才会免遭灭绝的恶运，才能过上更加安逸的生活，获得充足的水源，不用挨饿受冻，可以洗澡，能够使用冰箱保存食物，通过下水道排放污水……

我们需要正确的思想来不断纠正自我意识所犯的错误。出于对实力和物质的渴望，胡斯变得贪得无厌，永不休止地犯错误，所以永远需要正确的思想来修复它所破坏的一切：森林、河流、沙漠，还有包括人类在内的无数现存物种的生命。

06 你被旧事困扰,因为喜欢改写剧本

当被捍卫的不再是思想,而是与该思想相关的身份时,问题就出现了。我们重申:身份代入可能会让人觉得非常过瘾。上面提到的电影院、体育场或职场上的例子都可以说明这一点:从头脑中击败连环杀手、赢得一场足球比赛、看到自己的方案被大多数人赞同,这些都是一种愉悦的体验。但当大脑开始臆想,将自己代入女主角、球员或职场高手的身份中,却没有意识到时,问题就出现了。

要是我们一意识到自己正在身份代入,就能立即停止就好了。我们会说:"糟糕,我又在胡思乱想了!够了,现在该停止了!"

我们的脑海中存有太多的恐怖片段,以至于我们不知道该看哪一个。但是为什么会有如此多的恐怖片段呢?因为自我意识曾经在我们脆弱的时候伤害过我们。受胡斯控制的自欺欺人的大脑会为了变强大而贬低我们:"你就是个无能的人,是个失败者,你永远不会成功!"而我们的记忆就是一个影片档案室,我们生命中的大部分经历都能在这里找到记录。我们一遍又一遍地回顾旧事,希望通过这种不断重塑记忆的方式,让旧事逐渐消失。因为我们的大脑认为,同一部影片一次次播放,一次次被大脑重新加工,它的结局就会发生改变。

胡斯是一位出色的放映员,它让我们不断体验到私人放映的乐趣。这只仓鼠通过尝试不同的剪辑方式改变脑海中的画面。它通过美化和丑化的方式对场景进行改写。它前几次保留相同的人物,后面就会将其替换成其他人。它会这样想:"如果我当时没

跳出仓鼠之轮　ON EST FOUTU, ON PENSE TOUJOURS TROP

有结婚，我就不会像现在这样被迫像奴隶一样工作，养活一家老小。我本可以去旅行，赢得奥运奖牌，成为电影明星，施展自己的魅力，总之尽情享受生活！"

不管是什么故事，胡斯都可以在你的脑海中将剧本改写上千次，因为它永远不会满意，永远不会。它之所以日复一日地在脑海中重现这些画面，是因为它在拼命往好的方面重塑自己的记忆，这是自我意识的自救术。

对于你我而言，过去无法改写。胡斯虽然可以随心所欲地修改你的记忆，却不能改变过去。不管它对过去的画面做怎样的技术处理，都无济于事，因为这样做不会改变现实。有的人会想："我4岁的时候，强壮的父亲总踢我屁股、打我耳光，时至今日，伤痛仍在。我现在44岁，落了个浑身酸痛的毛病。如果父亲年轻时就身体孱弱该多好！"而有的人会想："啊，那个用字典砸我脑袋的愚蠢的老师！如果当时换成杜邦夫人[①]教我，我肯定会在拼写方面做得更好！"

你是否看到这只仓鼠正试图改变不复存在的东西？你意识到这有多么荒谬了吗？你口中所说的"糟糕的过去"现在只存在于仓鼠的跑轮中。不幸的是，你在胡斯的控制下越是重复这些场景，就越会在角色代入过程中制造出虚假的身份。你将不再是你本身，

---

① 18世纪法国启蒙运动的代表人物之一，她的沙龙聚集了包括卢梭、伏尔泰、孟德斯鸠等当时法国社会最出色的精英。她还是著名作家乔治·桑的祖母。——编者注

06　你被旧事困扰，因为喜欢改写剧本

你要么化身为已经终结了的事物，要么化身为存在于你神经系统档案中只作为记录的形象。

但是，当注意力专注于存在时，没有什么事情是可以终结的。这就是存在即永恒的道理。

我想再次告诉你的是：问题不在你身上，而在于你头脑中奔跑的仓鼠。要想变得理智，就要能够区分臆想场景和真正的生活。当你看连环杀手的故事时，要注意观察你身体的变化。理智的人能够随时随地退出头脑中的电影院，感受臀部与皮革的接触、脚踩地板的感觉，看到周围观众脸上的惊愕表情和左边门上的"出口"字样。理智的人明白为了增加对自我的关注而试图重塑过去是个巨大的错误。为什么呢？因为增加对自我的关注，是对头脑中仓鼠的鼓励。

今天，当有人问我——我是谁时，我会回答：我是生命在一定年限内借用的一种形式。一定年限是多久呢？我不知道，但我感觉这样很好，因为它使我得以存在。只有减弱自我意识才能让自己成为真实的样子——一个能够表达爱的存在。

07

你与真爱失之交臂，因为过度自爱

> 大多数人都在浪费他们的精力，要么否定性爱，要么誓死坚守贞洁，要么永远停留在想象的层面。
>
> 印度哲学家 吉杜·克里希那穆提

我们来谈谈性。我先针对这一话题的热度做以下解释：你有没有觉得人们总会讨论这个话题？在杂志、电视、广播、互联网上，我们常常会看到这样的问题："你与伴侣的性生活和谐吗？你与伴侣的星座在性爱方面是否合拍？"

为什么大家都喜欢聚焦性的话题呢？

真正的答案是一个悖论：胡斯之所以会驱使我们谈论如此多关于性的内容，是因为这个话题可以让它保持沉默。当一个人在

07　你与真爱失之交臂，因为过度自爱

性爱过程中飘飘欲仙之时，他头脑中的小怪兽就会从跑轮上跌落，让位给眼下的温存时刻。当然，这是大多数的情况。有时候也会有性生活不如意的情况，比如，两个人躺在床上，一个人却说："天花板需要重新粉刷一下了。"

为了更好地理解这一点，我们来观察一下两个人做爱的场景，目的是观察胡斯。从最初的爱抚开始，胡斯就放慢了奔跑速度。嘴唇仿佛通过亲吻肌肤按下了跑轮的暂停键，胡斯慢慢停了下来。此时的小怪兽被各种快感所包裹，注意力完全投注在人生极乐中。

在这份炙热的缠绵过程中，胡斯蛰伏了起来。可惜，高潮的快乐刚结束，小怪兽的跑轮就又开始嘎吱作响："为什么我没有早点遇到你？生活待我如此不公！"或者是："这些年我一直吊在前任那棵歪脖子树上，竟然一度认为那是爱情。白白浪费了这么多年的岁月！真是悲哀！"

简而言之，带给身心安宁的性行为结束之后，胡斯又重新躁动起来："我终于找到了我的灵魂伴侣。跟他在一起，我可以做自己，不需要做任何改变，不需要成为另外一个人。他会帮助我成长。"

但是几年之后，当激情褪去，两人在三分钟的机械运动后互道晚安，然后转身背对对方。奈何此时的胡斯却依然躁动，它的笼子里充斥着跑轮嚓嚓的磨擦声："她真的是当初那个让我飘飘

欲仙、如痴如醉的人吗？她火辣的身材去哪里了？如今的她不修边幅，一顿饭吃出来的碗碟就能让洗碗机超负荷工作。她还想把天花板粉刷成黄色，真让人无语！"或者是这样的抱怨："这个软趴趴的肚子，这一阵阵老旧冰箱式的鼾声，我曾经的男神去哪里了？我现在好像跟一摊棉花睡在一起！"在没有任何伤口，甚至连一点破皮都没有的情况下，你是否感受到了这份痛苦？是否只是你的自我意识在责备对面的那个人发生了改变，那个人再也满足不了它的要求，甚至剥夺了它感觉自己十分独特的快乐？

在自我意识的世界，它的人生信条是："从对方眼神落在我身上的那一刻起，我就存在了。如果失去了这份关注，我的存在就受到了威胁。"胡斯称之为"爱"。

对于头脑中所有这些噪声和胡思乱想，难道我们只能忍受，就别无他法了吗？

欲望从来都不是问题，只有在被自我意识掌控时才会变成问题。下一次，当欲望在你心中重新燃起时，请注意观察由此产生的身体变化，如身体颤抖、情感波动，并细细品味它们。观察躁动不安的自我意识："这个男人，我迟早都要得到他！"或者："不，我们两个不合适，她太漂亮了。"但是不要做任何评价。你只需要看着这些话在大脑中闪过，并注意区分这到底是胡斯编造的情节、臆想的不良画面，还是你真正的欲望。如果你的认知被完全激活，欲望将会进一步发展：要么消失，宣告冒险旅程结束，要么引导你让它成为现实。不要再停留在"我以后会得到他"或"她

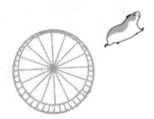

对我来说过于漂亮了"等类似的想法上了，而要在现实生活中付诸行动，比如积极制造见面的机会。在现实生活中，你可以说出自己内心的想法："我想跟你认识一下。"而且不管对方的答复是什么，哪怕对方说"对不起，我对你不太感兴趣"，你都会接受。因为摆脱了自我意识，痛苦也随之消失。

如果你还是觉得这样做有难度，那我送给你一句话，这句话也是我的一个好朋友送给我的。通过体会这句话的深刻含义，自我意识感受到的恐惧就会烟消云散。这句话就是："当我不害怕时，我会怎么做。"

胡斯永远不会懂真爱

我想跟你谈一谈爱，但谈论的内容不针对你本身，也不针对你的自我意识，我只是想和你聊聊一般意义上的爱。我曾经治疗过许多被"心病"折磨的病人。听着他们的倾诉，这次我没有了想笑的冲动，相反我变得很悲伤。印度哲学家吉杜·克里希那穆提说过："正是因为缺少爱，才会把性当成问题看待。"他们的脸就像一面镜子，透过它，我可以看到仓鼠的跑轮在转动。他们的谈话内容没有一句是脱离自我意识的，在他们的身体里，只有这只小怪兽造成的痛苦："他对我做了这个，她对我说了那个……"归根结底，他们将过度自爱和真爱混为一谈。

跳出仓鼠之轮　ON EST FOUTU, ON PENSE TOUJOURS TROP

过度自爱是最常见的一种爱，这种爱也是大多数人所追求的。它滋养了自我意识，让它扎根，为它提供安全感。这是一种有目的的爱："有人对我感兴趣，对我有期待。总之，有人爱我！"但事实上，过度自爱的本质并不是爱，它就像被亲吻之后醒来的睡美人。

但问题是她并没有真正清醒，她梦想白马王子可以照顾自己一辈子。她的梦想实质就是过度的自爱。

真爱不掺杂任何自我意识成分。它不需要被安抚或被保护，它只需存在就已足够。真爱通过眼神和手势表现出来。它只有在稳定住了胡斯之后才会发声，那时，它会心平气和地说："我在听你说。"即使它不说话，对方也能会意。真爱是一种觉醒的认知。它在发现"只有安抚住自我意识才能心无旁骛地亲吻"的那一刻觉醒。因此，即使王子骑着白马独自离开，它也不会丧失爱的能力。

即使是在恋爱状态下，胡斯依然无法打消增加自我关注这个念头。它混淆了没有任何奢求、付出不计回报的真爱和没有对方就无法活下去的爱情。"恋爱"这个词描述的是自我意识所追求的一种状态，一种由自我意识活动所维持的愉快的状态。对正沉溺于爱河之中的人来说，这些想入非非会刺激大脑分泌大量内啡肽："我是被爱情选中的人！我如此特别！我一定有过人之处！"美国《人物》杂志、全球最大的言情小说出版商禾林推出的小说，以及浪漫电影都在宣传这种爱情。

07　你与真爱失之交臂，因为过度自爱

当然，在一段时间内，双方会互相爱慕，关注彼此的需求、幸福和快乐。但有一天，自我意识开始害怕失去对方，或者发现这段恋爱关系影响到了对自我的关注。于是它开始评估、衡量、判断……然后，"我爱你"转变为"我跟你说话的时候，你到底有没有在听"或者"今晚又要出去吗"。慢慢地，这些抱怨就会变得司空见惯。

然而，真爱不是一种静止的状态，它是流动的，集警觉、存在、专注、开放于一身。

胡斯永远都不可能了解真爱，因为只要它的胡思乱想一出现，人们就会脱离真爱状态，陷入自我意识的躁动不安当中。过度自爱的胡思乱想就像挂在飞机上的空中广告，广告横幅上的文字大得清晰可见："看，我存在着，我是个特别的人，有人爱我。"

真爱不需要大张旗鼓，它不需要表明自己多么特别或不寻常。它的思想里装的不是小小的自我，而是被爱的那个人，一个没有被理想化的人，一个真正做自己的人。处于真爱状态下的人们的想法会是："我做什么可以让对方感觉到幸福？"

在过度自爱中，如果自我意识认定这段感情结束了，它就会陷入绝望。它会回忆过去："一切都很顺利、很美好，没有任何问题，那我们为什么会结束呢？是我的错，我知道，都是我的错。我太蠢了，我应该时常告诉她我爱她的。"它开始哭哭啼啼："一切都不遂人愿！"

痛苦会随着时间的流逝加剧。胡斯跑轮造成的折磨愈演愈烈，但它依然在执着地奔跑，幻想着会有好事发生，它盼望着对方的仓鼠会奔向它，然后跟它并肩奔跑。这个场景就好比胡斯对着赌场的轮盘怒吼："下注吧！在我身上下注！在我身上下注！"而轮盘最终的结果却是："不遂人愿！把把都不遂人愿！"难道这就是爱情吗？

胡斯混淆了依恋和爱情，它对自己依恋的、让自己感到自身价值倍增的对象进行了身份代入，比如一个美丽的女孩，一位有钱有势、肌肉强壮的男士，所以无法忍受失去对方。因为失去对方，它也就失去了自己的价值。

在胡斯为一个理想依恋对象的离开感到悲伤的同时，它也在哀悼自己的死亡。这就是为什么它的痛苦如此强烈。

如果爱情存在于一个过度关注自我的世界，它势必会与过度依赖纠缠不清。一旦出现类似"她还爱我吗"这样的怀疑，哪怕只有一丝丝，胡斯都会声嘶力竭地吼出它的经典话语："没有你我活不下去！"

如果是真爱，当分手发生时，痛苦的表现方式会完全不同。一次感情决裂可以使人们进一步减少自我关注。从这个层面上来说，它是一种有价值的痛苦。

让我们一起来看看情侣分手或恋人去世之后，要如何关闭内

07 你与真爱失之交臂，因为过度自爱

耗模式。

三步关闭内耗模式

ON EST FOUTU
ON PENSE TOUJOURS TROP

"前任带走了我的真爱"

第一步：看到情绪

胡斯在分开时痛不欲生："接下来我会变成什么样？我一无所有，再也没有活下去的意义了！"自我意识活动为自己制造了一个新的身份，即受害者的身份："没有人比我更痛苦！"

第二步：启动认知

认知开关启动，大脑成功连线认知活动，开始理性思考：糟糕，胡斯又在叫苦连天、怨天怨地、痛哭流涕了。我整个脑袋都被它占满了！

第三步：跳出仓鼠之轮

头脑开启观察模式，观察此刻正在发生的一切，既包括头脑内部产生的想法，也包括身体其他部分产生的变化。认知活动观察悲伤情绪导致的身体反应、头脑中一帧一帧闪过的记忆，以及胡斯对于这些记忆的看法。认知活动会客观地进行观察。它很冷静，既不分析也不评论，只是观察。

如此，大脑慢慢恢复平静。减少自我关注也产生了初步成效。随后，注意力一点一点转移到曾经的恋人身上，并将关注点最终聚焦到这个人当下的状态，没有敌意，也没有嘲弄。此时，大脑已经可以冷静地看待两人分手的原因，处理来自恋人最后的关怀。一种带着爱意的安宁充满观察者的头脑。胡斯不再抵抗。

真爱只存在于减少自我关注中，别无他法。

练习摆脱评判

如果你总是担心头脑中的仓鼠会在不经意的瞬间占据上风，那就试一试下面的练习吧。你有时可能会有类似的想法："他看我的眼神跟以前不一样了"或者"她在我面前再也不注意形象了"，但是完全没有必要为了搞明白眼前画面，而把自己限制在一个严苛的爱情标准当中。

请你花几分钟时间浏览手机里的新闻。浏览过程中，请不要在文字内容上过度停留，只关注你头脑中的评论即可。然后观察一下自我意识是怎样隐藏在每个评论背后的："我可不是这样的人。哦，不，我不像那个因偷税漏税而被逮捕的商人。我不像那个抛妻弃子的明星。我也不像那个不思进取的运动员。我诚实守信，忠于爱情，而且勤奋努力。"

自我意识需要这些"媒体眼中的恶人形象",它通过与他们对比,感觉自己高人一等,并从中获得安全感。自我意识需要被谴责的永远是别人,不是它。

请在散步过程中再做一次同样的练习。留意一下充斥在你头脑中的评判的数量,你甚至可以试着数一数。注意大脑中所有关于配偶、父母、孩子、同事、老板、员工、邻居、政客和你自己的想法。如此多的评判纠缠在一起,你的脑袋会变得混沌。你会听到自我意识的声音:"我才不是那样的人!如果这件事落在我头上,我会采取截然不同的处理方式,而且效果会比现在好得多。"

如果你头脑里没有了这些评判,那么存在的是什么呢?请花时间思考一下这个问题。在你寻找答案的过程中,你的大脑中可能会出现片刻的安静。

在这个思想活动摆脱了受惊的自我意识的安静时刻,真爱才会显现出来。

08

每天冥想几分钟,将仓鼠赶下跑轮

> 对未来真正的慷慨,是把一切都献给现在。
> **法国作家 阿尔贝·加缪(Albert Camus)**

在我看来,冥想的实质是大脑的自我观察。与其说冥想是为了静心,不如说是为了认识自己。

事实上,冥想是一项使大脑学会从自我意识活动转变为认知活动的练习。在此过程中,大脑会观察自身注意力的集中情况:"注意力是集中在自己的呼吸上,还是集中在仓鼠的跑轮上?"

大脑还会观察头脑中自我意识的存在情况:"自我意识去哪里了?是在笼子里,还是藏在某个腺体或神经元后面了?它消失了吗?"

08　每天冥想几分钟，将仓鼠赶下跑轮

如果经常练习冥想，认知就会在自我意识搞破坏时如超级英雄一般出现。比如，"我一事无成"这个想法在产生破坏力之前就会被打消。这句话是在大脑被自我意识控制时产生的，但是当认知出现时，它会被重新置于大脑的冷静观察下。此时，这句话不再是人们在身份代入过程中出现的产物，不再是对一个真相或现实的描述，而是一个思维过程的结果，是心理活动的产物，是神经系统"身份复印机"的反馈。大脑观察着整个过程，包括这句话引起的身体变化。"我一事无成"这几个字在脑海中闪过之后，它所引发的身体变化就会被立即捕捉到，是一种内心不舒服的感觉，也被称为抑郁，本质上是一种由自我评判引起的心理紧绷感或沉重感。

在观察过程中，转机就摆在了眼前。

你可以自问："果真如此吗？我是真的一事无成吗？"然后把注意力重新集中到这句话的含义上。失败意味着什么？成功又意味着什么？随后，大脑就会明白它所给出的答案都毫无价值可言：权力、金钱、荣誉、外表、声誉、名望……这些通通都毫无意义。

你可以将注意力转到与自我意识毫无关系的一些小成就上，比如一些善举、类似"已经完成分类的文档、已经给出的答复、已经洗净的碗"这些实现了的小目标。

你可以只是观察：简单地看着这个想法在神经系统中消散，

看着它所带来的感觉也随之消失。这种观察行为既不是否认，也不是逃避，只是在观察大脑如何进行思维运作。在这个观察过程中，认知参观了制造痛苦的"工厂"，它看到了其中的构件、配置和运行。它发现大脑将过去作为加工原材料，并且通过观察该流水线这一行为，使得"我一事无成"这句话丧失了影响力。它看到这个想法消失了。但是它去哪里了呢？

观察结束，你现在可以开始释然了。

冥想就是每天花几分钟的时间来练习减少自我关注。这种思想的暂停会让你的思维方式发生改变，并将这种变化根深蒂固地植入神经系统，就像自动断路器在出现线路和电器问题时，会自动跳闸切断电源一样。这段停顿的时间就是阻止胡思主宰你生活的良机。

如果你无法在一天之内特别腾出时间进行冥想，那么就利用自己不得不停下脚步的时间吧。不管是在逛超市、理发或排队时，都可以趁机进行练习。

举个例子，这是个真实的故事：我躺在手术台上等待一台筹划了数月之久的手术。麻醉师试图将针头扎入我的静脉，但是血管却不好找。"它想逃。"医生说这句话的同时已经将针头推入我的皮肤。此时此刻，我最想做的也是逃。但一切进展顺利，针头已经到位，针剂缓缓地注入我的体内。突然，手术室的工作人员开始窃窃私语。他们特意把声音压得很低，显然是为了不让我

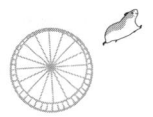

听到，但是讨论得越来越热烈。几分钟后，医生俯身对我说："手术做不了了，通风系统出现了故障。"接着他又补充道："正好趁这段时间，我去给汽车加个油。"麻醉师也回道："我正好也饿了，去吃点东西。"接着，手术室里的所有人都陆陆续续离开了，只剩下了一个护士。她走到我身边问道："您不生气吗？"我回答说："不生气，我的大脑正在自我观察。"她笑了，继续问道："您说的是什么意思？""就是冥想。所有像'只有我才会碰到这种倒霉事儿'这样的想法都能被观察到。它们一旦出现，就会被捕获并消除。认知这个超级英雄是不会让这些愚蠢的想法刺激我，导致我的血压升高、心率加快或尿量激增的。"护士笑着说："那我也学下冥想。"她感慨道："真希望手术台上的所有病人都能像您这样看得开……"

定期冥想就像消防员利用垃圾箱做灭火演练一样。他们不会等到火势蔓延到建筑物最顶层时才去现学技能，而是每天都在训练。很多时候，在冥想之前，我感觉自己的内心焦躁，就像是被熊熊燃烧的火焰包围，这团火焰吞噬着我健康的身体和精神。为了扑灭这团烈火，必须进行冥想练习。

刚开始，冥想就是观察充斥在我们大脑中的各种噪声，观察大脑为了说服自己编造出来的所有故事，并且全然不顾喋喋不休的抱怨。

冥想就是观察身份代入的过程，从而明白用强行代入的方式来增加自己的身份并不能缓解精神上的痛苦，恰恰相反，减少身份代入才是一条行之有效的途径。通过冥想，你会了解到身份代入会导致人们想要更多、增加对自我的关注，减少身份代入反而会让人变得清心寡欲，从而实现减少自我关注。

在身份代入过程中，大脑会把支配权和占有权混为一谈，但是所有属于"我的"并不都会变成"我的"，请让这些荒谬的想法都滚出我们的大脑。"我的"足球队、"我的"文化、"我的"领带、"我的"想法、"我的"组织、"我的"疾病……统统滚开。

当认知意识到大脑已经将自己等同于所有渴望的事物时，它会投入自己最擅长的事情上：赞赏、感受、创造、热爱，以此结束一直强调自我的执念。法国诗人阿蒂尔·兰波（Arthur Rimbaud）曾经在1871年说过："我是另一个我。"能感悟到这一点，他的思想是多么深刻啊。他深知小小的"我"并不是生命，它只是身份代入过程中的产物和头脑中的浮想联翩，这些想法停止之时，亦是艺术成型之时。戏剧、文学、诗歌……无论选择何种形式，认知都会创作出安抚人心的音乐，这种音乐可以平复思绪，可以用静谧的璀璨星光治愈内心焦躁的胡斯。从此痛苦结束，只剩存在，人们可以尽情地去感受。

夏日蓝色的傍晚，我将踏上小径，
拨开尖尖麦芒，穿越青青草地；
梦想家，我从脚底感受到梦的清新，
我的光头上，凉风习习。
什么也不说，什么也不想：

08　每天冥想几分钟，将仓鼠赶下跑轮

无尽的爱却涌入我的灵魂，
我将远去，到很远的地方，就像波西米亚人，
与自然相伴，——快乐得如同身边有位女郎。

你现在是否对冥想的意义有了更深刻的理解？冥想使你得以作为一个旁观者，站在仓鼠的笼子前，从容地设置好头脑中的认知模式，然后冷静地看着它奔跑。看着它因为时间紧迫、新闻稿没有及时发布、待处理的文件堆积如山而变得焦躁不已、寝食难安。而且已经是凌晨3点，你明天看上去会是什么样？在头脑里放一只仓鼠，你到底是怎么想的？是哪个蠢货把它放进大脑的？还有你后背上那个久久不消散的斑点。是骨癌，错不了！都没必要去看医生。反正一年之内也不可能预约上医生！银行里的存款，存着也没有意义了！还有那个忘恩负义的老板，你为了他忙得分身乏术，他却总是认为你这个最称职的雇员毫无用处！它让你病入膏肓。是它！你头脑中的这只仓鼠！

停下来！让自己平静一下！

冥想就是当这种精神躁动干扰到睡眠的时候，你可以坐在床边，把注意力集中在自己的呼吸上。然后，大脑进入冥想状态，将胡斯从跑轮上驱赶下来。砰！如果此时还有一些想法留在头脑里，那它们也不再带有自我意识色彩，可能会像这样："哎呀，肩膀怎么紧绷绷的，真奇怪！紧绷感的来源不好判断，但这种感觉却真真切切。从肩胛骨开始，一直到骨盆的肌肉都处于紧张的状态。好吧，如果它一直持续，我有必要预约一下理疗服务。另

外，我打算换掉我的床垫。它已经兢兢业业为我服务了 15 年，也该休息一下了。"

你知道吗？当认知意识到仓鼠的奔跑何等荒谬，并开始嘲笑它的行径之时，这只小怪兽就会跳离跑轮，逃之夭夭。那副落荒而逃的样子会让认知笑得更开心。

僧侣和祈祷

我曾有幸借宿在尼泊尔的一座佛教寺院里。我遇到了几个僧侣，他们头脑中的胡斯仿佛是静默的，或者，至少是放慢了奔跑速度的。他们每天都会冥想。

在我跟一些僧侣攀谈的过程中，他们告诉我，尽管他们每天都会冥想，但是头脑中的小怪兽偶尔还是会躁动不已。比起"仓鼠"，他们更喜欢叫它"猴子"。在这种时候，他们不会惊慌失措，而是会静静地观察自我意识，这个所谓的世界之主，然后嗤之以鼻。接着旋转的跑轮就会突然慢下来，变成能够安抚人心的摇篮。此时神经元之间传导的只有爱，他们称之为"利他之爱"。

如果要给"爱自己"这个表述下一个定义，也许就是努力让自己成为一个摆脱自我意识控制的存在，这种存在是纯粹的存在，它可以清楚地看到头脑中自我意识的需求出现并嚷嚷着："爱我！

爱我！"并让这些需求像热水中的冰块一样融化、消失。爱自己就是全身心地感受爱在血液里流淌的过程，在此过程，自我意识不会发出任何只言片语来阻碍这份感受。

这些僧侣，亦可称为智者，认为人类应该在加强和减弱自我意识之间做出选择，别无他法。这是一个关系到整个人类生存的问题。依他们之见，如果人类做出正确的选择，即减弱自我意识，生命将能够继续激起思想的涟漪。然而如果人类选择加强胡斯无处不在的躁动，生命则会选择在其他地方扇动翅膀。

这些智者住在雪山上，除非是为了赶公交车，否则不会摆时钟来提醒时间。但是他们很享受这种没有时间的感觉。他们告诉我："施主，这里不存在时间概念。"而我们呢？你还记得我前面谈到的，我们一直不断地重新解释过去或预测未来吗？还有"爱比昨天多，比明天少"这种谬论也屡见不鲜。

这些智者不需要相信神，更不需要创造神。他们都是些内心安宁、慈悲为怀的人，在生命的早期就已经摆脱了那只神经质的仓鼠。事实上，这些人并没有真正摆脱胡斯。确切地说，他们学会了无论它在哪儿，就算是刚刚出现在想法或欲望中，也可以将它消除。在孩童时期，他们以为这只是在做游戏。胡斯刚开始跑起来，他们就会警惕地将其围困，仓鼠接着就会立刻停下来。它一个字也说不出，接着，它就会在沉默和沉思中被席卷而去，没有任何反抗，在意识中瞬间消失，只剩下理智的思考和爱的力量。

有人说这些僧侣的存在毫无意义。大错特错！他们是探索者，探索如何让自我意识保持沉默。自我意识整天算计那些能够提升其重要性或神圣地位的战利品，比如金钱、房子、人类，除此之外，它一无是处。

这些僧侣祈祷他们的思想可以与天地万物的电波相通。他们的祈祷与胡斯的祷告截然不同。胡斯祷告时会诵读经文，喃喃地请求，低声诉说自己的恐惧，像小猪崽一样发出吱吱的声音。它的祷告是强大自己的另一种方式，就像上阵前为自己壮胆的呐喊声。也是一种强行召唤神明的无赖行为，就好像在说："神啊，请来我这儿吧！请到我身边！请您缓解我对被抛弃和被对付的恐惧！"如果人们能意识到自己体内真正是谁在祷告就好了。

哪里有祈祷，哪里就有胡斯。它出入于各个基督教堂、清真寺、犹太教堂和佛教寺庙。然而，礼拜过程中虔诚发声的不是它，而是它不断转动的跑轮。

祈祷是沉默的。没有任何言语，不提任何要求，不会出现"恳求你，请让……"这样的表述。它清楚自己已经拥有了一切，一切都触手可及：丁香花的芬芳，香橙的美味，孩子的笑声。有时，它会在一段漫长而深沉的沉默过后感叹道："如此甚好！"

祈祷不允许出现侮辱或嘲弄，它不会让这些想法在头脑中有丝毫停留。这些想法一旦出现就会遭到围剿，被祈祷驱散。

08　每天冥想几分钟，将仓鼠赶下跑轮

　　祈祷不但会观察一个词语或一幅画面是以何等的威力引发一场头脑风暴的，这场风暴通常伴随着强烈的心跳和全身的疼痛，而且会思索对这场风暴进行密切且深入的观察是如何使大脑恢复平静的。

　　祈祷通过大脑的两种能力来定义理智。一是观察自己，任何有关仇恨的想法一旦出现就会被察觉；二是在该想法引发一场骂战或冲突之前就能在具体的身体反应中将其拦截消除。

　　祈祷会发现，正是胡斯在神经元中的奔跑引起的精神上的躁动不安导致了评判、疏远和不合。如果没有这种束缚思想的奔跑，一切都会保持联系与团结。

　　祈祷会让胡斯完全处于静止状态。此时，头脑中只剩下认知和不时会冒出的已经摆脱自我意识的想法，也就是可以说出"我是另一个我"的理智想法。

　　祈祷深知增加自我关注是一个永无止境的过程，并且最终会导致一无所获。然而减少自我关注是瞬间就可以实现的，它通向的是生命的真谛。

　　祈祷明白角色代入并不是明智的选择，迪奥领带、劳力士手表或古奇毛衣并不能带来内心的平静。

　　祈祷会意识到人类不需要增加自我关注就可以彰显自我价

值。事实上，体现这种价值的体验是人类理解"自由"一词的最有效的方法。自由就是笼子打开了，胡斯逃跑了。

哲学家勒内·笛卡尔已经大致参透了这个道理。他注意到了价值体现有自我解脱的功能："对任何人都没有用处，才是真正的毫无价值。"但是他还是赋予了胡斯过多的分量和意义，因为他写下了的"真正的毫无价值"这句话仍然停留在价值的重要性层面上。

价值得到体现这种体验对胡斯而言没有任何价值。它只是一座桥梁，仅此而已。它将最强大的群体与最脆弱的群体联系在一起。人的一生总是在这两个群体中来回切换角色，将心灵与星空联系在一起。静谧的璀璨星空治愈内心焦躁的胡斯，如此一来，小怪兽就会离开笼子了。

加强还是放弃自我意识是人类历史上最重要的选择，也是最迫切的选择。有些僧侣已经意识到了这一点，他们的沉默就是证明。事实上，我想说的是，比起表面的沉默，他们头脑中的沉默才是所有祈祷期待呈现的最完美结果。

神明与仓鼠

我不会对神明是否存在这个问题进行表态。我只是想跟你一

起看一看自我意识是如何对待神明的。

不管神明是否存在，有一点可以肯定：胡斯创造了一个属于自己的神明，最终可能不止一个神明。纵观历史，每当遇到困惑之时，胡斯就会创造神明、寻求帮助，因为处于困惑中的它总是担惊受怕。

它创造神明以期保护自己免受火山、干旱、洪水、雷电、瘟疫、霍乱、狂犬病、流感、苦难、贫穷、战争、烦恼、消化不良、失眠、过敏、失败、破产、饥饿、口渴、罪恶和死亡的伤害。

与其他一切存在无异，胡斯也把自己创造的神明视为私人占有物和身份代入的素材：它的上天。"哦，我的上天啊！"这句话由此诞生。它发明了一种新的三段论："我就是我所拥有的一切——这里具体指我的上天（大前提），威胁到我的所有物就等同于威胁到我的存在（小前提），那么对我的上天构成威胁的东西也同样威胁到我（结论）。在此情况下，我会毫不犹豫选择制造爆炸事件，以消灭所有与我信仰不同的愚昧者。"

最终，胡斯完全确信它的上天是唯一存在的神明。其他所有的神都是假的，只有它信奉的神才是真正的神。这是胡斯自我感觉独特的另一种方式。

有些人认为，他们信仰的神明在宇宙大爆炸之前就已经存在，并且某天它出于爱，按照自己的形象创造了人类。对此，我一直很想搞清楚一件事：如果神是按照自己的形象创造了人类及其思想，那么他为什么要在人类的头脑中放置一只仓鼠呢？这是否可以证明其实在神的大脑里，也有一只仓鼠在奔跑呢？

虽然很多人崇拜神明，但其实，崇拜神明的不是人类，而是在人类头脑中养尊处优的胡斯。

上天满足了自我意识的所有需求。为了感谢上天，自我意识为他创作歌曲，献上花环，并随身携带代表他的物件。当胡斯需要灵感、信念或力量时，它甚至会亲吻这些物件。

胡斯为神明建造了礼堂，并且要求每周日都要在这里做礼拜，和其他自我意识边吃饭边谈论。

你有没有注意到，如果神明需要被捍卫、感谢、崇拜、庆祝、敬仰、认可，这多奇怪啊？这些需求恰好与自我意识的需求相似，你不觉得奇怪吗？而且神明还需要增加对自我的关注，难道不奇怪吗？

就我个人而言，坦白说我对这种相似性感到震惊。神明与自我意识如此相似，这太疯狂了。而且胡斯可以对这位神明做任何它想做的事，比如，给神明起了如此多的名字——耶和华、安拉、毗湿奴等，有多少种名字就有多少种信徒。通过这种方式，让诸神明说自己想听的话就显得轻而易举。

试问这只仓鼠有什么资格向全世界宣扬神的事迹？它有什么资格宣称自己是神明在世上的代表，并宣传、推销他？你能想象一只仓鼠可以代表神吗？神明如果真的存在，也不可能是被发明出来的。神明如果真的存在，也不是可以被随意捏造、兜售或代表的。

为了结束关于神明存在与否这一问题的争辩，我在此大胆表个态。如果神明存在，也只有摆脱了胡斯之后，人们才会相信。

09

远离损友，让仓鼠停止奔跑

> 当然，为了让你觉得自己是对的，就必须让他人变成错的。所以自我意识喜欢让他人是错的，好让自己变成对的。换句话说，你必须让他人错，才能获得更强烈的自我感。
>
> 《当下的力量》作者 埃克哈特·托勒

狒狒捉别人身上的虱子并吃掉它们，强势的自我意识也能做到这件事情。

当然，在现代社会，捉虱子这种行为已经发生了变化，它表现得更加隐晦。如今，捉虱子表现为在对方身上发现令人嗤之以鼻的弱点和缺陷，还表现为满怀恶意地找到同伴所犯的足以招致他人羞辱、丑化和贬低的错误，但这个错误却可以让自己引以为

09 远离损友，让仓鼠停止奔跑

戒、快速成长。这是在爬行动物诞生之前，动物就已经形成的保护自我的方式，因为自我意识觉得自己越强大，别人就会越害怕自己。别人越害怕自己，它就越有安全感。因此，为了让自己不害怕，就需要让自己强大起来。因为在别人身上找虱子可以让自我意识变强大，所以现在这一行为能够帮助它增加对自我的关注。

发现虱子会让胡斯兴奋不已。它非常喜欢最先谈论别人的缺点。你能明白我的意思，对吗？这就为它赢得了关注，帮助它摆脱了无聊，因为把所有的时间都用来转动跑轮确实很枯燥。然而，这种"吃虱子"的习惯虽然会让胡斯快乐，但从长远来看，却难以消化。

那么应该如何摆脱这种行为呢？答案是不再表现得像只狒狒。是的，"表现得像只狒狒"这个表述对进化完全的人类来说可不是什么中听的话。但不确定的是他们会不会因此被触怒，有谁敢断言他们的脑袋里住着一只仓鼠呢？所以我们应该只从字面上理解"表现得像只狒狒"这句话，这里只涉及捉虱子的问题。胡斯总是会跳过文字的表层意思进行深究，处处都能看到攻击。

正如我已经重复多次的，要想变得理智就要在自我意识失控的那一刻开始减少自我关注。这非常难做到，因为自我意识不想在任何事情上浪费精力。它只想脱颖而出，想赢，想显示自己的存在，想被认可，想被照顾。

它只想成为最好的、唯一的、最聪明的、最可爱的、最博学的、最美丽的、最强壮的、最熟练的、最敏捷的、最富有的、最智慧的、最谦卑的、最值得被爱的……它永远不想减少自我关注，因为这与它的本性背道而驰。

这就是为什么如今人们大谈特谈增加对自我的关注。我们生活在一个受自我意识控制的病态世界。但是不要奢求自我意识会意识到这一点，它确实没有能力做到。只有认知活动能够认清这一事实，它是脱离自我意识发挥作用的智慧。

自我意识中不存在任何形式的理智，丝毫不存在。理智存在于专注、联系的能力中，存在于成为生命载体的能力中。它既是减少自我关注的原因，也是减少自我关注的结果。在餐厅就餐时，当自我意识活动嫌弃女服务员动作缓慢时，是理智在客观地分析局势，"看，胡斯又开始耍把戏了"，也是理智启动了减少自我关注的行为。就餐结束后，还是理智大方地认可女服务员为做好本职工作所付出的努力。

在尼泊尔，僧侣们把这种理智行为称为行动冥想法。他们认为当我们处在安静的环境中，比如湖边、山上或静悄悄的房间里，观察胡斯的跑轮动作会变得相对容易。他们还认为这只小怪兽变得狂躁不安的时候才是冥想真正开始的时候。

即使多年如一日地坚持每天冥想 20 分钟，减少自我关注的行为也不会在每次自我意识发作时自动发生。是的，认知开关启动之后，理智认知主导大脑的速度会越来越快，但它从来不是天

然存在的。每次自我意识一发作，一切都要重新开始。

直到有一天，通过坚持不懈的努力，认知开关一经启动，减少自我关注这一行为就会立刻被头脑执行。到那一天，自我意识将再也掀不起任何波澜。只要它发出抱怨，大脑就会进入认知开关启动模式，平静也会随之而来。

许多人每天都要唱诵 20 分钟，直到这一连串音节将胡斯成功催眠，成为唯一活跃的存在才结束。有些人认为这种祷告方式可以使他们变理智。在一段时间内，它确实可以安抚胡斯，但是绝不足以让人变得完全理智。因此，我们需要实践行动冥想法。

行动冥想法

试想，如果你的伴侣告诉你，他要为了另一个女人离开你，你会怎么反应呢？

"肯定比我更年轻！"这是跑轮里愤怒的仓鼠嘴里蹦出的第一句话，而这仅仅只是满腹抱怨的开始。

这时候，你可以采用莲花坐姿，用各种音调唱诵。但是要想叫停胡斯的胡思乱想，这些措施远远不够。仓鼠的想入非非如 5 级飓风一般猛烈，能够横扫你为了平复内心做出的所有尝试："我为他做了那么多事，他却这样对我！负心汉！他甚至没有勇气早点告诉我！对他来说我没有吸引力了吗？年老色衰了吗？懦夫！他会遭报应的！"

你也尝试换位思考，但无济于事，因为你陷入了情绪的旋涡。冥想就应该在这一刻开始。就在这一刻！这就是我们所说的行动冥想法。任何其他形式的冥想，无论多么有效，都只是为这种冥想形式做准备。

让我们再次回到情绪旋涡中。你的丈夫要为了一个更年轻的女人离开你，或者你的妻子要为了一个比她小20岁的英俊小伙子离开你。你感觉内心好像陷入了泥沼之中，思绪翻腾万千。

你该怎么办呢？

请坐直。这是最开始的准备工作。当然，如果你无法坐下，也可以站着、跪着、趴着，用拳头捶打地板，泡个澡，把头埋进水里试图淹死胡斯。不过这些都是备选。背部挺直地坐着才是面对接下来将要发生的事情的最佳姿势。我知道，这很难。尤其是小怪兽将跑轮加速之后，抱怨的话语会喷涌而出，这加大了难度。

尽管如此，现在还是请你尽力专注于自己的呼吸。注意要深呼吸。我知道你不想这样做，即使经过多年的冥想，这一刻你的脑袋也是一片空白。唱诵起不到任何作用，你完全无法平静，内心只有强烈的恨意。仓鼠爪下的跑轮飞速旋转，胡思乱想呼啸

09 远离损友，让仓鼠停止奔跑

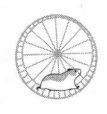

而来："他怎么能这样？我怎么会如此天真？我当时确实有所察觉。我那时说他用下半身思考的时候，就应该听听自己的心声。我当初怎么会爱上他呢？但是我现在仍然爱他啊！我爱他！或许他还有话想对我说呢？"

跑轮飞速旋转，滚到笼子上的栏杆都开始发烫。你被折磨得快要窒息了！此刻你再怎样专注于呼吸都无济于事，因为胡斯再次发作："我怎么会如此盲目地信任他呢？我怎么就这么天真、愚蠢呢？我都做错了什么呀？"

暂停。现在让我们慢慢来。我们一起来安抚一下这只仓鼠。我已经重复了无数次，这确实是一项艰巨的任务。此时的你完全受制于这只小怪兽。没有任何一个神经元幸免于难，它们都被这种背叛、耻辱和欺骗的感觉所牵制。你一直重复说自己被骗了，但是你需要先冷静一下，让跑轮暂停片刻，以便释放一两个神经元出来。

我一直认为集中注意力可以让仓鼠平静下来。这是唯一可以让你的头脑认知练习开关、触发减少自我关注行为的方法。将注意力集中到身体的感受上，比如胸闷气短、心悸、抽搐、挛缩，并找出难受的位置。胸部，还是腹部？具体是什么样的难受？是痉挛吗？请注意观察并一直专注于这种感觉。不要执着于过去发生的事情，不要再有"这个负心汉跟我爸真是一丘之貉""我妈早就告诫过我"等类似的想法。这个过程确实煎熬。胡斯会一次次地卷土重来，死缠烂打。但是请注意，当所有的意识都集中到

111

身体的感受时，胡斯就会变得萎靡、迟钝，而当胡斯处于这种状态的时候，身体的痛苦就会得到缓解。

你要明白，头脑中的仓鼠会因为害怕自己消失，于是拿自己和别人做比较："那个女人除了年轻，还有什么是我没有的？她的厨艺肯定不如我，绝对赶不上！她肯定无法忍受这个男人每天晚上无所事事地看足球比赛。还有他的内裤谁来洗？那女人那么年轻肯定不会干这种活儿！像她这种没长大脑的人才不会给老男人洗洗涮涮呢。"你的大脑会不断冒出这些比较、指责、抱怨的话语。

是你的代入身份所做出的家庭贡献，是你担任的家庭角色根据这些年来的付出在替自己据理力争："我包揽了洗衣做饭在内的所有家务，没有其他人会像我一样任劳任怨！我是独一无二的，因为只有我才会心甘情愿地接受这一切。"你那只自我感觉如此独特的仓鼠害怕消失，因为它的身份和它付出的努力不再被认可，仿佛自己不曾存在过或将不复存在。

积压的负面情绪在此时将你狠狠地推进了胡斯为了增加对自我的关注而设的陷阱中。"从现在开始，我只在乎自己！我会让自己变惊艳，让他后悔一辈子！我不会再浪费时间想他。我终于可以成为自己一直心心念念想成为的人了。那个女人，早晚会吃苦头的！她永远无法给他只有我才能提供的东西。"你浮想联翩，开始不断地赌咒发誓，诅咒那个女人和那个男人。

请牢记：理智的想法能够引领行动，胡思乱想却一文不值，

09 远离损友，让仓鼠停止奔跑

它只会让人自我消耗，深陷痛苦。理智的想法是智慧的，而胡思乱想却是神经元的无效抱怨。理智的想法为认知服务，胡思乱想为自我意识服务。胡思乱想只是一个个小小的、短暂的精神事件，却如导线中的电流一样源源不断，因为胡斯在不知疲倦地喂养着它："我对他来说什么都不是！什么都不是！""什么都不是"这个词每出现一次，都会让人感到更受伤一点。

当头脑被认知主导时，行动冥想法可以让你的自我意识不再迫切地渴望被爱。至于胡斯，它也不会再无所不用其极，以获得自己眼中所谓的价值又或是别人眼中的价值，这两者在根本性质上别无二致。这时的胡斯不再需要有任何价值，因为它不再奔跑。剩下的只有鲜活的生命，一切都得以为生命服务为主导。

精神疗法与仓鼠

人类历史的决定性时刻不是发现美洲大陆或登上月球之时，而是胡斯控制人类思想的时候。它是当代精神折磨到来的标志性时刻，也对生命将永远从这个世界上消失构成真正的威胁。

为了缓解这种痛苦，人类发明了精神疗法。这是人类进化过程中产生的最精细化的一种治疗方式。这种充满智慧的方法尽管可以使人类实现共同生活，然而，精神疗法的许多具体手段却对缓解痛苦毫无作用。

为什么呢？也许你绞尽脑汁也没想到，因为它们注重的竟然是对自我的关注度的增加，而不是减少。

我曾在医学课程中粗浅地学习过弗洛伊德的研究及主要理论观点。这位大名鼎鼎的精神病医生是精神疗法的奠基人之一，仅仅出于这一点，我就真心感谢弗洛伊德先生。

弗洛伊德人生很大一部分时间都在探索自我意识，但他却从未意识到自我意识其实就是一只仓鼠。对此，我们表示理解，因为他强调了小我保护自身的强烈意向，也就是说小我借助无意识的防御机制来保护其完整性，这种无意识的防御机制表现为两种形式：一是将自身的行为合理化；二是否认自身的行为。因此，他已经认识到自我意识活动试图通过以"这是因为……"为理由的合理化解释或以"不，不是我……"为标志的否认托词来维持自己在神经和心理空间中的完美形象。毕竟，它不想被认定为有罪。如法官宣判一般，如果一个人被认定有罪，那么他就有可能因为被强制终止危害行动而消失。弗洛伊德还发现小我之所以始终保持防御状态，是因为幼年时发生的事情。比如，如果一个5岁的孩子在背完一首诗后听到："你很棒，一个错误也没有！"那么他就会记住以后只有不犯错才会被夸赞，才会得到掌声，也因此才会被爱、被保护。所以，这些看似微不足道的事情就会在这个小小的脑袋中种下这样的信念：必须在别人心目中保持完美的形象，才能在这世上有自己的一席之地。于是，胡斯就变身为自身形象的守护者——一只仓鼠。

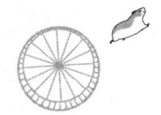

此外，如果神经元在令人更痛苦的情况下保留了被虐待或霸凌的记忆，这颗小脑袋日后会尽其所能防止虐待或霸凌事件再次发生。这是可以理解的，因为所有生命形式都试图逃避痛苦。记忆功能多样，其中一种是：带来快乐，远离痛苦。但是这带来的问题是，当自我意识活动在脑海中不断回想被虐待或霸凌的画面时，它就陷入了身份代入的陷阱。换句话说，此时此刻，自我意识身份代入变成了伤口，受害者变成了精神创伤。

我们再次回顾一下自我意识的定义，自我意识是一堆自认为有生命的有机体的记忆。在这方面，弗洛伊德的认知出现了错误，虽然这个错误是可以理解的。弗洛伊德耗费了一生聆听病人的心理咨询对话录音记录，也因此让自己陷入了陷阱。他最终确信，并以书面的形式指出，小我是一个有生命的有机体。弗洛伊德不断听取病人对诸如被忽视、遗弃、强奸等不愿启齿的伤痛和各种精神创伤的叙述，有理有据地得出了如下结论：这些痛苦的记忆都给这些受害人造成了思想障碍，使他们无法真正地投入生活。然而，在我看来，他并没有认识到思想其实可以在短时间内与这些记忆断联，不是因为有关记忆被抹去了——记忆是无法消除的，而是因为储存它们的大脑可以连接到另一种形式的精神活动并进入人的意识中。思想天生就拥有触发减少自我关注行为的智慧。

弗洛伊德没有认识到如果胡斯停止奔跑，那么它一直以来在头脑中占据的空间将重新变得可支配、可连接，与外界的接触也不会再被仓鼠的奔跑打断。认知于是再次得以与其他生命紧密相连，重拾接受和给予的能力。

于是精神疗法就有了全新的意义。与其通过多年的努力来强大自我意识，使其摆脱无意识地自卫的需要，不如学会如何减少自我关注。当投入必要的精力后，只要胡斯一露头，认知就会做出反应。到那时，仓鼠就会停止原地奔跑，结束空中踩轮运动，一切都会向着存在前进。

但有时精神治疗师的回应行为，可能成为一种让胡斯感觉自己在治疗过程中受到关注的形式。这种倾听形式的危险在于胡斯自我壮大的能力极强。许多治疗师在治疗过程中可能会偶尔给出"嗯""哦""啊"之类没有特别意义的回应，但是日复一日，这种声音就会把胡斯养得膘肥体壮。这些感叹词仿佛让头脑中的小怪兽获得了前所未有的重视，从而变肥变壮。它享受着来自治疗师的抚摸，欢快地蹬着跑轮。突然，它如热气球膨胀一般开始加速冲刺，在它处于跑轮中最舒服的位置时速度到达巅峰。显然，这对缓解胡斯造成的痛苦毫无帮助。相反，即使在治疗过程中小怪兽表现得风轻云淡，痛苦还是会随着跑轮的转动死灰复燃。胡斯跑的每一步都在召唤痛苦。

真正的自由既不是政治上的自由，也不是经济和宗教上的自由。真正的自由是精神上的自由，它源于你内心的安宁。在这片安宁中存在一种倾听的能力，它纯粹得不掺杂任何期待与幻想，不会把"我无条件地爱你"挂在嘴边，因为宣告即是一种谬误。爱怎么可能是有条件的呢？强加条件或拒绝被强加条件的爱都已然不算是爱，不过是打着爱的幌子吸附在对方身上，毫无节制地吸食着他的生命罢了，有时甚至会吸附一辈子。附加条件的爱就

是这样一种虱子。而那些企图通过精神疗法去寻找爱的人，从未真正体验过真正的爱，只有在经历减少自我关注之后，他们才会真正遇到爱。

有时，朋友可以取代精神治疗师的位置。他安安静静地倾听你的心声，偶尔发表两句感言，就可以帮助你把胡斯赶出笼子。这是一种无条件的解放。

朋友是一个可以帮助你实现无条件解放的合适人选。他既不会恭维自我意识，也不会鼓励它加速奔跑。他真真切切地站在你面前，但他的自我意识却不试图炫耀自己知道该怎么做。它只会简单地表明自己看到了、听到了、感受到了你的痛苦。它不会拒绝你的倾诉，相反，它会拥抱你的真情吐露。如果真的存在这么一位朋友，或许只要他一个手势或一句话就可以让你认识到，除了这个该死的跑轮，除了这个数世纪以来我们视若珍宝的自我意识，还有其他值得我们关心的东西，那就是一种简单、普通、寻常的存在，对所有形式的生命来说都是如此。当这种存在出现时，就没有必要再接受任何精神疗法了。

10

感官觉醒,养成反内耗体质

> 一个人的真正价值,取决于他在什么程度上和在什么意义上让自我解放出来。
>
> 阿尔伯特·爱因斯坦

当危机发生时,只要胡斯不破坏大脑和感官之间的通路,两者就能够实现融合,减少自我关注这一行为就可以非常顺畅地进行。

接下来的感官觉醒可以帮助你随时观察自己的注意力在何处,使你在快乐中顺利减少自我关注。以下这几个极其简单的问题会有助于你的感官觉醒:"我当下的注意力在哪里?是被生活场景吸引,还是被胡斯的奔跑占据?是在受自我意识摆布,还是可以集中在感官接收到的外界刺激?"

视觉觉醒

当有人微笑着与你交谈时，胡斯会不会在看着这张笑脸的同时担心股市的崩盘？它是否会有这样的想法："灾难啊！CAC 40 指数[①]下跌了15%，这是 20 年来下跌最严重的一次。我要破产了！我本可以在一年后退休，照现在这个形势，恐怕我 70 岁还要像蝼蚁一样勤勤恳恳地打工啊！"你有没有注意到，当胡斯产生这种胡思乱想时，你眼前一黑。此时，你的整个头脑完全被仓鼠占据，丝毫没有精力再去欣赏那张对着你微笑说话的脸。

你可以做到看着这么一张微笑的脸无动于衷吗？你明明觉得那双乌黑明亮的大眼睛衬得这张脸格外好看，但是你能做到三缄其口吗？那就让自己赶紧试试吧。如果你身边没有这样一张脸，那请随意选择一个物体：时钟、肥皂泡、顶针——任何物体都可以。然后把全部的注意力都集中在所选物体的形状、线条或弧度上，但不要做任何评论。

如果胡斯在此时出现，请立即做出反应：观察它在你头脑中做出的评论，然后提醒自己此刻与你相伴的不再是那张脸，或者时钟、肥皂泡、顶针，而是你头脑中的仓鼠。

之后，请重新将注意力转移到那张脸或所选物体上。调动眼

---

① CAC 40 指数指法国巴黎证券交易所市值前 40 的企业股票报价指数，为法国股市的重要指标。——译者注

睛、鼻子、嘴巴等所有的器官去观察，直到你的头脑中只剩下该物体，除了它的颜色、周围变化的光线，再没有其他东西。没有评论，没有判断，没有任何杂念。在你的脑海中央，安安静静地只映着一张脸或时钟、顶针。画面如特写镜头般清晰，且不掺杂任何声音。此刻，请享受你所感受到的安宁。

听觉觉醒

你的耳朵是如何听到爱人的声音的？是真的听到了吗？这个声音有自己独特的音色、音调与韵律，你有时是否会觉得整个头脑中就只有这个声音？虽然自己的声音会在头骨震动传送到内耳的过程中压过其他人传到我们耳朵里的声音，但你头脑中的这个声音绝对不是你自己的。

胡斯在被侮辱或被批评之后并未咬牙切齿，这种经历你有吗？听到诸如"你真胖"或"你的作品很烂！我依葫芦画瓢写出来的东西都比你的强"这样的评价，仓鼠却没有气得发抖，没有变得歇斯底里，这样的经历你有吗？

在经受住语言攻击的同时，你能否做到不刺激自我意识扑向它的跑轮？比如，如果我告诉你，你真的很胖，而且只有你自己没有意识到，此时的你能做到密切关注这些话在头脑中可能会造成的后续影响吗？

跑轮一旦转动，你能有所察觉吗？"很——胖——很——胖！"在这些话扎根于你的大脑之前，你能否做到用清醒的认知围剿它们？我相信你能做到！

正因为认知活动清楚地知道，侮辱的言论本质上就是仓鼠的宣泄言论，所以它可以接受相关评价并理智对待："快看，快看，辱骂的话已经强行进入我的大脑。它就像一支毒箭，刚刚射入就开始传播毒性。"

但是这一次，它被你清醒的认知包围了。这些恶毒的话只是在你的大脑中飘过，并未真正扎根，也未能刺激胡斯启动跑轮。它们没有像往常那样在你头脑里反反复复闪过："你真胖！""胖得一无是处！""你真丑！"

让人吃惊的是，这次的侮辱并没有在你头脑中留下印记。它慢慢地消散了，很快在神经回路间停止传播。而且自我意识也随之消失不见，不再在旁边煽风点火。

顺便说一下，以上内容也适用于赞美之词。胡斯喜欢别人对自己的赞美，这是自我意识的能量源泉。胡斯很容易对这些溢美之词上瘾，并会因为它们的消失而痛苦。

你注意到大脑对这些赞美做出的反应了吗？你难道不享受它们给你带来的快感吗？当你听到"你是我见过的最聪明的人"这样的话时，你会有所警觉吗？请悄悄地提醒自己："胡斯难道能够让这些夸奖像钻石一样永恒闪耀吗？其实，它们并不比侮辱的话更有营养，同样只是神经回路间的想入非非而已。"

嗅觉觉醒

我真的有必要跟你谈谈你的鼻子，以及从现在起它可以帮助你明白的道理。你的自我意识正沉迷于与身边的胡斯进行红酒知识大比拼，请意识到是否真的有必要把认知活动往葡萄酒品鉴方面引导。

你头脑中的仓鼠喜欢在任何方面都超越周围人的仓鼠。它喜欢炫耀它知道的比别人更多，而且是多得多："你居然不知道美乐这个葡萄品种吗？用美乐酿制的葡萄酒已经在市场上销售了至少 10 年了，而且非常成功。你竟然不知道黑皮诺？这瓶葡萄酒就是黑皮诺的香味。"是的，是它的香味，然而那又跟你有什么关系呢？请好好享用它吧。

味觉觉醒

你是否注意到哪怕在吃饭时胡斯也从来不会停止奔跑？它在你品尝最钟爱的一道菜肴时启动了跑轮："糟糕！昨天是我妈的生日，我忘记给她打电话了。该死，她又要对我冷嘲热讽了！"

现在请把注意力集中在刺激你味蕾的美食上,体会真实的快乐。

吃一堑长一智,当你再给母亲打电话时记得对她表示更多的关怀。她可能会关心地回应:"这些年你都在做什么呀?"

触觉觉醒

你知道真正的爱抚是在完全摆脱了仓鼠控制的前提下实现的吗?只有从被爱或被认可的需求中解脱出来的心灵,才能做到全心全意地抚摸所爱之人,即竭尽全力在双方之间建立真正的联系。

当你的手握住所爱之人的手时,你是否有所触动?当你的双臂轻轻摇晃着一个婴儿时,你是否会小心翼翼?当你拥抱着那个赋予你生命的老人时,你是否真心拥他入怀?请全心全意地投入其中。

11

重复练习，摆脱自我意识

> 把人逼疯的不尽然都是多么悲惨的事情。让人抓狂的不是爱人的离去，而是在时间紧迫的情况下鞋带恰巧断了。
>
> 美国诗人 查尔斯·布科夫斯基（Charles Bukowski）

在本章节，我们将复习如何区分认知活动和自我意识，辨别胡思乱想和理性思考。

我们将会选用几个日常生活中的案例。不得不说，日常生活让胡斯感到索然无味，因为没有素材让它可以趁机大出风头，毫无机会让它炫耀自己的奔跑有多独特。没有奖牌，没有奖品，没有奖金。就像护工的日常，每天做着重复性的劳动，没有什么可以引人注意的成就：为尿失禁病患换尿布、为智力缺陷患者做康

11 重复练习，摆脱自我意识

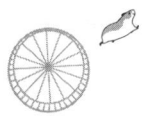

复训练、帮助有暴力倾向的患者稳定情绪、为垂死之人漱口等。如果说胡斯想到这些工作就会陷入深深的自我蔑视中："我干的都是些什么烂活儿啊！"那么认知活动却能清楚地认识到幸福就存在于这些琐碎的重复性劳动中。因此，我们必须将强势的自我意识和认知活动区分开来，前者会让所有人陷入烦恼，而后者却是由摆脱自我意识的理智想法主导，对任何人不求索取。其实你每天都会产生一些不掺杂自我意识的理智想法，只是自己没有意识到而已。

胡斯会把人折磨得头昏脑胀，因为跑轮的转动会刺激某些神经元异常放电。这时，是不掺杂任何自我意识的理性思考指导人们服下阿司匹林泡腾片，也是理性思考指导人们在桌子上留下便条提醒家人去买面包，同时会想着添上一句："孩子们，我爱你们！"但是让我们切换到另外一个场景——当所有人都离开家，屋子里空空如也时，强势的自我意识大喊大叫："难道就没有人在走的时候跟我打声招呼吗？"这只是赤裸裸的抱怨。

强势的自我意识日夜不停地奔跑，因为稍一放慢脚步，自己要做的事情就会受到阻碍，毕竟它把自己看得如此重要。至于认知活动，它看着疲于奔跑的人们表示不解："为什么要奔跑呢？"

是认知活动在交通堵塞时避免了交通事故的发生；而让你大骂周围人的是强势的自我意识。胡斯正是利用这样一个小小的邪念显示自己的存在。

是认知活动决定护工喂饭是用勺子、吸管还是注射器："来吧，大爷，我们再吃一小口。"依然是认知活动关心他人的身体健康，还会根据相关科学知识给出合理的建议："不要吃高糖高盐的食物。"然而，强势的自我意识却是依照自己发明的信条禁止吃这吃那："我的身体，我自己知道！"是的，依它所言，即使是榆木脑袋，只要胡斯进入其中，产生的想法也能成为权威。

是认知活动告诫人们在吃饱之后就不要再胡吃海喝。但是在解决完第三盘美味之后，强势的自我意识却沮丧起来："我不够自律，意志不坚定，我真差劲！"正是由于心情郁闷，它才又端上一盘佳肴试图安慰自己。想到心理治疗师曾告诫过自己，这种情况下吃下肚的其实是自己的情绪，胡斯自我安慰道："生命只有一次！明天我就不这样做了，或者后天……"为了将美味端上餐桌，强势的自我意识大肆捕杀海洋生物。你要知道，自我意识这样做的同时，会坚定地说服自己海洋多么辽阔，生物种类多么繁多，过些时日一切肯定会恢复如初。它一本正经地安慰自己："在海底深处肯定藏着一条足够机灵的鱼，它可以独自找到繁殖方式，到时候一切都可以从头再来。"

是认知活动一边哼着歌一边倒垃圾，强势的自我意识却在不停地埋怨："为什么总是我倒垃圾？"

是认知活动心平气和地打扫厕所或清洗地板，快乐地制作果酱或浓汤，爱怜地清理孩子们满是沙子和鲜血的膝盖，小心翼翼地拔掉扎在拇指上的刺，细心地缝补破洞袜子。但大多数时候

11 重复练习，摆脱自我意识

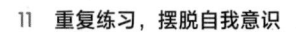

是强势的自我意识在大肆宣扬自己的付出！

是认知活动匿名向抗击癌症基金会捐赠了一笔巨款，是自我意识在摄像机前拿着那张大纸板支票向众人招摇！

是认知活动谨记开车不喝酒，依然是认知活动避免在多杯酒下肚之后做出哗众取宠的行为；是强势的自我意识当众绘声绘色地讲述自己的经历，以至于忘记喝到了第几杯。

练习结束，请每天重复数次。

12

你不是身份的总和,你是能力的总和

我们必须在自己身上发现永远不会消退的能力。
法国心理学家 玛丽·德·翁泽(Marie de Hennezel)

我在接诊过程中询问病人他们想要什么时,经常会听到这样的回答:"我想要成为自己最真实的样子,我想做自己!"很不幸,大多数时候,这都只是他们自我意识的心声,是自我意识想要变得强大、独特、有魅力、无懈可击。然而它永远也做不到,因为它只是一个幻觉而已。一个幻觉,无论它变得多么强壮,也永远只是一个幻觉。自我意识阻止人类成为真正的自己。

那么我们到底是什么?答案非常简单:我们是我们身上那些永不消退的能力。爱人的能力、思考的能力、赞叹的能力、品味的能力、给予的能力、创造的能力、学习的能力、传递的能力……

这些能力与大脑每天制造的任何一个虚假身份都无关。无论这些身份是关乎一个国家、一辆汽车、一种观点、一个想法、一个外表，还是关乎一个内衣品牌，这些能力都与它们毫无关系。

自我意识自我代入的一切身份都会衰老、死亡、瓦解、消失。任何可能会使自我意识分泌兴奋激素的外界刺激存在的唯一目的是保持其独特性的假象，本质上都是骗局，都是可怕的闹剧。

今天，在大多数人的头脑中，仓鼠转动跑轮的目标一致。只要你仔细听，就会听到它们发出相同的声音："当我感觉不到自己的独特时，就会浑身不舒服！"仓鼠们之所以不停奔跑，就是为了确认没有像它们一样独特的存在。自我意识认为自己与众不同。

心理学家亚伯拉罕·马斯洛（Abraham H. Maslow）曾经设计了一个金字塔图形来表示人类的各级需求。他将人类需求分为五级，自下到上分别是：生理需求、安全需求、社交需求、尊重需求、自我实现需求。每种需求只有在下层的需求得到满足后才会引起人们的考量。也就是说，如果一个人还没有解决温饱问题，他就不会急于实现尊重需求。而在金字塔的最顶端，马斯洛设置的是他认为的终极需求：自我实现需求。

在自我意识的世界里，马斯洛需要层次论是成立的，但是在认知活动的世界中，它却站不住脚。如果这个说法让你不解，那么你可以思考下面这些问题：当晚辈为一位大小便失禁的长辈洗澡时，前者的自我意识处于金字塔的什么位置？在最顶层吗？它满足自我实现的需求了吗？如此平凡的举动就足以让自我意识脱颖而出了吗？足以让它实现自己所认为的独特性了吗？

在我看来，马斯洛似乎并没有认识到，如果这种行为来自认知活动，那就直接消除了自我意识身份代入的需要，以及身份代入失败所引发的痛苦。当减少自我关注后，自我实现的需求就不再存在了。在认知活动中，做真实的自己这个需求没有任何意义。

如果马斯洛早一点意识到，渴望自我实现的其实是一只仓鼠，他可能不会创建他的马斯洛需要层次论。事实上，他应该看到，一个完全被认知活动主导的头脑并不试图实现什么，因为它已经变得超脱，无欲无求。

ON EST FOUTU
ON PENSE TOUJOURS TROP

启动认知练习

问答练习

我想和你一起做这个练习，来确定一下你的自我意识什么时候会达成自我实现需求。

它多次登上富豪榜之时吗？

它的照片出现在杂志首页的那一天吗？

它逛超市被人一眼认出的那一刻吗？

12　你不是身份的总和，你是能力的总和

它的绘画作品广受赞誉之时，还是在排行榜上名列前茅或是在纽约的画廊中展出之时？

它经过时，众人都跑去围观，还喊着"快看！它在跑轮里奔跑的样子多帅啊"，大喊它的名字并索要签名的那一刻吗？

它升职加薪之时？

每次它说话，别人都认真倾听之时？

它拥有自己传记的那一天？

是什么让它笃定已经实现了自己的价值？

请认真地思考一下这个问题。你的答案是什么？以下是我的答案：以上都不是自我意识自我实现的时刻。

成功给人带来的快乐直接却短暂，而我们可以骄傲地谈论奥运奖牌获得者两个月，因为这种满满的成就感与我们个人成功与否无关。

我们只有在关注鲜活的事物而不是那些不复存在的事物时，成就感才会油然而生。成就、成功、奖励，所有的这些出现的那一刻，就开始逝去，最终只会成为我们记忆硬盘里的一个记录。

各种荣誉并不属于生命本身，它们只是仓鼠发明出来的。它可以让胡斯觉得自己独一无二，却永远不会是以爱为宗旨的生命本身。永远不会。生命不需要自我感觉独特，它不需要任何身份证明。

请允许我再说明一点，即使马斯洛先生听不到，我也要向他道歉。我们总是在请求原谅，对逝者也常常怀有歉意，这是人类承认犯错时的一种应对方式，我们称之为"谦恭"。胡斯从来不会承认自己犯了错误。所以请求原谅的并不是自我意识，它做不到，请求原谅的是认知。即使胡斯说出"请原谅"，那也是出于维护自己的形象的目的。

胡斯的这种行为属于假谦恭。自我意识从来不知道什么是谦恭，谦恭 humilite 的英文单词的词源来自 humus 一词，指一种适合所有树木扎根生长的土壤。自我意识之所以不肯承认错误，是因为它根本不知道什么是错误的。它总希望自己是正确的。它也不会承认自己选错了路，因为它只知道这一条路——转动跑轮，并且坚信这条路就是正确的。

所以马斯洛先生，请您原谅。也许您考虑的是每个人身上蕴藏的潜能，在这一层面上，您是完全正确的。潜能实现的过程就是生命创造的过程——花朵努力绽放，鸟儿尽情歌唱，蜜蜂忙着采蜜。

但我们需要进一步区分"潜能的发展"和"自我意识的发展"这两个概念。潜能以天赋、潜在价值、能力的形式存在于每个人身上，可以表现在各种活动中：走路、说话、大笑、唱歌、跳舞、阅读、绘画、雕刻、写作、做饭、治病、建房子、修桥梁、造飞机、做家具、缝衣服、修屋顶、拉小提琴、打鼓、打响板、下棋、打曲棍球、演喜剧、演悲剧、看戏剧、看电影、逛街、滑冰、研

究数学、研究哲学、研究诗歌、研究园艺……

父母、老师、朋友都可以从一个独自躲在角落里、内心脆弱的孩子身上看到潜能，他们只需要简单地对孩子说："我相信你，相信你在文字、绘画、音乐、舞蹈方面有天赋，加油！"如此，那个孩子的潜能就不会再被遏制它的自我意识所阻碍，生命也将投入美好的创造中，比如交响乐、芭蕾舞、歌剧等。自我意识也会因此静默，再也无话可说。

经常会有人向我提出这个问题："没有自我意识，我们能否存活？"我的回答是，别担心，自我意识不会离开你。其实当你问出"没有自我意识，我们能否存活"时，不安的依然是自我意识。所以它就在那里，活跃得很。认知则不会提出这样的问题，因为它很清楚答案。

人们还经常问我另一个问题："如果没有自我意识，我将会成为什么？"你现在知道答案了。来吧，说出你的答案，不要害怕，是的，答案是"存在"。

人们对恋人表达情感依恋时喜欢问："没有你，我将会怎样？"我的答案还是"存在"。

必须把自我意识与真正的自我区分开来，这一点至关重要，所以我反复强调、不断解释。要区分这两者其实并不复杂，自我意识就像一个洋葱，真正的自我是我们身上那些永远不会消退的能力。接下来我们将会用下面两张示意图进一步明确这两者的基本差异。

自我意识使许多人流眼泪，因此我用图 12-1 的自我意识洋葱示意图表示。层层外皮是它在身份代入过程中产生的种种身份：我是我的拥有物，我是我的所作所为，我是我的想法，我是我的外表，我是我的痛苦……

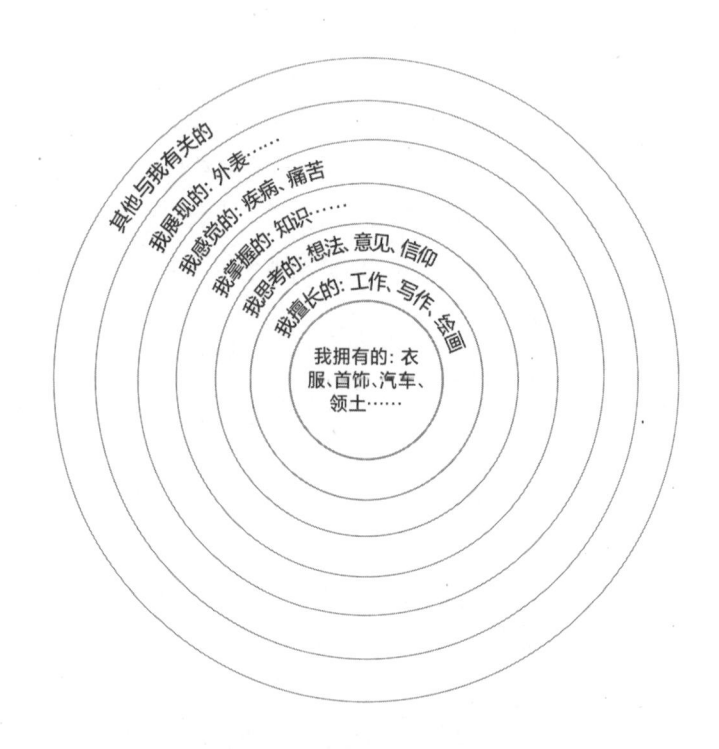

其他与我有关的
我展现的：外表……
我感觉的：疾病、痛苦
我掌握的：知识……
我思考的：想法、意见、信仰
我擅长的：工作、写作、绘画
我拥有的：衣服、首饰、汽车、领土……

图 12-1　自我意识洋葱示意图

12 你不是身份的总和，你是能力的总和

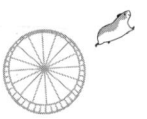

我用图 12-2 的认知原子结构示意图来说明我们身上永不消退的能力，核心是存在的能力。该能力与其他"电子"相连——当然，它们之间虽然紧密相连，但又各自保持独立：创造的能力、赞叹的能力、爱的能力、品味的能力、学习的能力、传递的能力，以及其他来自存在的能力……

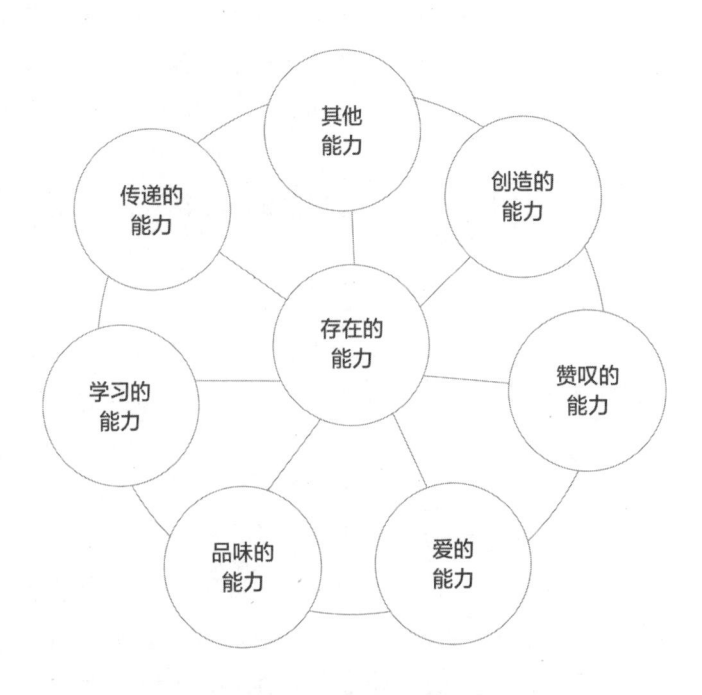

图 12-2 认知原子结构示意图

一个接受安宁疗护的患者在生命终结前的几小时里仍然可以向周围的人表达爱意，所以说爱的能力丝毫不会受影响，它不会消退。

跳出仓鼠之轮 ON EST FOUTU, ON PENSE TOUJOURS TROP

然而，一个处于安宁疗护中的人，他的自我意识却不会向周围的人表达爱意，绝对不会。自我意识的每一层身份外衣都老化了，有些甚至早已消失：雷朋眼镜掉了一只腿，范思哲外套的肘部位置出现了一个洞。它会继续捍卫这些身份外衣直到生命的最后一刻吗？也许一小部分人的自我意识会吧。有些在临终之际仍然受自我意识摆布的人，确实会将这份顽固坚持到底。他们去世的时候肌肉僵硬、紧绷，整个人蜷缩成一团，痛苦不堪。只有当自我意识停止抵抗时，存在才会出现，爱意才会得到表达。

我们需要进一步明确"为说服自己编造故事"和"认识自己"这两者的区别。

诗人莱昂纳德·科恩（Leonard Cohen）曾写道："狗永远不会自由。"我斗胆补充："没有摆脱头脑中的仓鼠的人也永远不会自由。"

可能会有人通过继承遗产、彩票中奖、在荒岛上发现宝藏等方式在人生前半段就实现了财务自由，并且凭借这笔财富得到自己想要的一切：房子、船、属于自己的小岛。然而即使拥有这些，他仍然会受到焦虑和抑郁的困扰。金钱并不能阻止仓鼠这只啮齿动物的奔跑。小怪兽之所以奔跑，是因为它渴望一切，渴望所有。它似乎总是缺少什么，不是金钱，就是关注、关心、温存或者活着的感觉。

纵使屡获殊荣、深受认可，纵使在社交网络平台上获赞几

百万，或点播量无数，自我意识依旧不会满足。这是一场与时间永无止境的赛跑，时间滴答滴答地流逝，这也是一场与死亡永无止境的赛跑。这是自我意识强加给自己的赛跑。

然而这场赛跑造成了不可挽回的后果。

研究表明，蜻蜓和豆娘由于失去栖息地而濒临灭绝。有些蝴蝶也同样因为失去了家园面临灭绝的危险。还有蝙蝠，它们生活的洞穴被重型机械破坏了。造成这种局面的原因是什么呢？是人类的自我意识在捣鬼。

与此同时，在世界的某个地方，一只骆驼因为注射了肉毒杆菌被"骆驼选美大赛"除名。你可以在网上输入关键词"骆驼选美大赛"，搜索相关新闻，看看具体是怎么回事。但是为什么要给一只骆驼打肉毒杆菌呢？为了让它成为参赛选手中最美的。这是谁做的呢？人类的自我意识。

有年轻人结束了自己的生命，对此我从来不知道该说些什么。"心理健康出现了问题"是许多人为这种偏激行为做出的解释。而我将其归咎为这个以自我为主导的社会。在这个只看功绩的世界里，成功的人生由我们取得的名次来定义，第一名当然是成功的巅峰。但其实不是这样。自我意识不知道自我是什么意思，它永远也不会知道。它观察不到自己，不了解自己，也做不到了解自己。只有认知才可以做到。

我们每个人都有自我意识，但是我们却抓不住它，也无法摆脱它。然而我们要做的不是消除它，而是安抚它。自我意识并不是一种缺陷，它是人类在发展过程中进化出的一种能力。然而进化是不可逆的，不能改变。我们只能承认进化过程有时会失去控制。所以，自我意识是一个失控的结果，一个偏离正轨的结果。因为自我意识的存在，我们会让两个信息之间产生错误的关联："我有一片领地，它让我和没有领地的人不同，所以我就是我的这片领地。"当大脑不讲逻辑地将两种事物联系在一起时，我们将其称为"史前逻辑"。

我们只有通过了解自己才能走出这种史前逻辑。你只需要拿出碎片时间按照本书中的方法进行相应练习，就可以观察到胡斯，停止胡思乱想。很简单！

仓鼠不是为了帮助我们感觉更轻松自在而想象出来的一个可爱、有趣的比喻。它是对清醒认知的呼唤，而且是迫不及待的呼唤。

13

关注当下,仓鼠自动退场

> 有两种事物是无限的,一是宇宙,二是人类的愚蠢。但宇宙我还说不准。
>
> **阿尔伯特·爱因斯坦**

有一次我在一家肠胃科诊所的候诊室里,排队等待医生治疗我的胃病。医生走出候诊室,并喊了一位患者的名字。随即,坐在我旁边的人怒气冲冲地大喊:"我在他之前就来了!该轮到我了。没有你们这样做事的吧!我要告诉其他人你们这里是如何对待病人的。那个护士把病人的排队顺序都搞乱了。"接着,他又开始用各种难听的词谩骂那名护士。

我看着胡斯在他头脑里狂奔,心想:"哦,天哪!胡斯这速度是搭上了法拉利跑车了啊!如果它继续加速,将会变得很危险。

而且这个人的认知丝毫没有想让这头小怪兽慢下来的迹象。"这时,护士站了起来,给他指了指贴在门上的警告牌,上面写着"禁止喧哗"。于是,我旁边的这个人马上住嘴了,但可以猜到胡斯其实在强压怒火。其实这位先生之所以来这里就诊,可能是因为他的消化系统有问题。但在等待治疗的过程中,他加重了自己的病情。他的理智哪去了?被那个声嘶力竭、大吼大叫的自我意识赶走了。

其实这位先生只要稍微进行过相关练习,就可以很好地减少自我关注。他当时本可以把注意力放在自己的反应上,将自我意识活动转化为认知活动,并借机与身边的人谈论一下自我意识的危害。

请注意,这并不是让他克制自己的情绪。克制自己的情绪并不能打开通往减少自我关注的大门。相反,它甚至可能会是自我意识显示自己有多独特的另一种方式:"我并没有不耐烦,我很平静。我知道用鼻子呼吸让自己平静下来,因为我很理智、很聪明,我的反应绝对要比大猩猩理智得多。"当然,我们不知道大猩猩在候诊室里会不会有这样的反应,尤其是在一个专门研究肠胃的诊所里。

如果他只是在克制自己的情绪,大脑依然会胡思乱想。然而在减少自我关注的过程中,头脑则几乎处于放空的状态。如果说有什么想法的话,也只是一些摆脱了自我意识的想法,而且你现在对这些想法已经了然于胸:"哎呀!自我意识慌了阵脚,减少

了自我关注,万岁!"这不是一种消失,而是一种显现,是理智的显现。

现在,让我们来看看"活在当下"这个说法,并简单进行总结。它的含义相当模糊,所以自我意识才会随意滥用:"我正努力活在当下,所以请不要打扰我。另外,如果你能把垃圾倒掉,那么我可能会生活得更幸福。"我不明白"活在当下"与倒垃圾有什么关系。

有些青少年曾经告诉过我,他们想在14岁时漫游亚洲和蹦极,因为他们要"活在当下"。他们的学习成绩并不理想,然而,他们的自我意识心安理得地认为,他们没有必要浪费时间听一个无聊的老师在课堂上说些老生常谈的话。很显然,他们将"活在当下"与"渴望一切、无所不为、立刻得到"混为一谈。现代社会存在着各式各样的身份,诱惑刺激青少年迫不及待地去尝试去冒险,却没有人向他们解释清楚"活在当下"其实是时刻集中注意力——倾听、观察和感受自己的内心和外部所发生的一切,当然包括老师讲课的内容。

我还听到过50多岁的人提倡"活在当下",并透露出深深的挫败感。他们的自我意识把自己的不如意归咎于运气不佳或命运不公,觉得自己没有在正确的时间出现在正确的地点。他们甚至认为,如果自己出生的那天,宇宙中的星体排列合理,自己的潜能就会被激发,所以这一切都是星盘的错。如果稍微走运一点,自己就可以愉快地"活在当下"了。

然而,"活在当下"的并不是自我意识:胡斯从来就不属于当下。它总是沉浸在过去的回忆或未来的幻想中,这也是它为之奋力奔跑的对象。只有认知活动,而不是自我意识活动,才能"活在当下"。不幸的是,认知活动会被自我意识误导,在当下这一时刻实施恶行。

我们可以举一些案例。在案发现场,犯罪者为了"出色地实施犯罪",注意力必须集中在当下。比如,扣动扳机的狙击手、触发引爆器的炸弹投掷者、地铁上盗窃老妇人钱包的小偷……犯案时他们确实专注于当下,但不管是在最厉害的狙击手、最优秀的投弹手、最专业的小偷这些身份的大脑里策划这些行为的,还是在背后指使这些行为的,都是自我意识。这些作案者都缺乏认知清晰的头脑。他们的反应过程大概是这样的:大脑无法进行自我观察,认识不到自己所做的决定的真正动机以及会造成的后果,或者自己编造一些理由说服自己采取这些行为。当别人问他们为什么这么做时,他们的大脑会寻找一些冠冕堂皇的理由为自己辩解,还试图制造混乱。他们会用自己的信仰或某种虚假的身份来解释这种恶劣行径。

当然,人类历史上一直在发生一些需要制止的疯狂行径,这些行径都由自我意识和它一直渴望成为历史之最的需要、重写过去的需要、一雪前耻的需要引发。但无论如何,人类清晰的自我认识和对自我意识的安抚其实可以防止这些灾难的发生。

在我们这个时代还存在一些思想剽窃者。也许在思想诞生之

初，这些人就存在，具体我并不太清楚。他们把所有的注意力都放在其他人说话的内容上，然后在自己想要吸引的听众面前将他人的观点据为己有。在他们所谓的"倾听"背后隐藏的是胡斯及其想要被崇拜的需求。这是胡斯转动跑轮导致的后果。

有史以来最严重的疾病既不是瘟疫，也不是霍乱，而是人类的愚蠢。换句话说，是对人类思维运作的一无所知。即便是能够了解一点，也只是一知半解。集体性的注意缺陷多动障碍作为一种真正的现代流行病，对所有渴望被认可却又没有意识到这一点的自我意识，都产生了影响。自我意识认识不到，无论它们如何想方设法地获取关注，他们所做的一切也是枉然，因为自我意识之间永远是孤立、分离、分裂的。然而我们生存的这个世界却被自我意识掌控着，所以注意力缺失已经成为一个社会性的普遍问题。只要我们没有集体意识到这一点，就会一直犯同样的错误与恶行。这还是胡斯无休止滚动的跑轮在捣鬼。

我们经常被告知要"放手"（这种说法和"当下"一词一样流行），却无从搞清楚到底是谁应该放手。还是自我意识吗？自我意识永远不会放手。它会顺从、妥协和尽力协商。但是放手意味着自我意识活动的停止，所以我们要做的不是让自我意识放手。它不但做不到，相反，它永远不会放弃。我们要做的是让自我意识消失，让认知活动出现。这是所有步骤中最困难的一步：从自我意识到认知的转化。认知活动能够观察到自我意识所有的不良行为、花招和诡计并付之一笑。认知活动中不需要永恒、不朽和持久，它给人在当下与事事相连、与万物相通的深切感受。这就

跳出仓鼠之轮　ON EST FOUTU, ON PENSE TOUJOURS TROP

是活在当下！

请在就餐、排队、办公室工作或家庭聚会的过程中花点时间倾听一下周围人的心声。注意辨别那些充满自我意识的想法——你会发现这种想法有很多，并观察表达这些观点的人及其倾听者的身体反应。然后思考，此时此地，谁才是真正地活在当下？然后你马上就会明白为什么学习减少自我关注刻不容缓。

当胡斯面对死亡

有些人坚信在他们的神经元死亡后，胡斯会继续奔跑，它的跑轮会在彼世一种类似宠物店的可供宠物永久居住的地方继续转动。我有时会想象这样一个地方，里面数十亿只仓鼠摩肩接踵，奔跑的同时欣赏着自己对生命所做的一切。每当想到这点，我都感到不寒而栗！

尽管如此，我们的伴侣、父母、兄弟、姐妹和朋友都可能会离去。不管他们去世后是与大地长眠，还是化为一缕青烟，这种离别都会使人肝肠寸断。我们再也不能在他们能听到的时候与其促膝长谈。那么，离别前就应该多听听一下他们的心声，多亏他们，我们现在才懂得了如何倾听。

生离死别的痛苦真实存在，就像滚烫的金属烙在身上、玻璃

13 关注当下，仓鼠自动退场

碎屑进入血管、伴随着每次呼吸产生的肺部灼烧感一样真实。然而，这种痛苦却毫无意义。此时，我们需要其他的东西来缓解我们的痛苦。是否存在这样的东西呢？

有时候，一个人在弥留之际会将他最后的气力留给存在。胡斯不会再说任何话，不再说"我做过这件事"或"我做过那件事"，"我曾经是这样"或"我曾经是那样"，"我想过这个"或"我想过那个"，因为所有这些都已经无关紧要，只有存在才最重要。抬起一只手臂环绕对方的脖颈，四目相对，热泪盈眶。他们不必再说些什么或做些什么，因为他们已经实现心灵相通，拥有了当下。胡斯此时已经离开了笼子，不再奔跑。

因此，只有思想完全平静，我们才能将它读懂。为了能够真正地生活、能够全身心地去爱，我们需要消除自我意识这只看不见的小怪兽，它因为害怕消失而需要时刻吸引关注或随处发泄情绪，甚至不惜伤害他人。

正是减少自我关注使胡斯在一瞬间消失不见。啪！强势的自我意识消失得无影无踪。胡斯的消失带走了头脑中所有相关的画面、文字、过往以及那些自欺欺人的故事，剩下的只有生活，真正的生活，或许这将是永恒……

后 记

成就全新的自我

《圣经》中说,耶稣在被钉死在十字架后的第三天起死回生。此外,他毕生都在以童谣的方式谈论这次神秘事件:"头脑空空,幸福无边,因为天国是他们的。"我们可以把这句话理解为:"胡斯停止奔跑的头脑幸福无边,因为它们最终获得了那片难能可贵的安宁。"

其实,对复活之谜的解释很简单:在胡斯抬起爪子之时,生命就出现了。就像一粒麦子落在地里,它要被埋葬后,才能结出许多的米粒来。这个形容也出自耶稣

跳出仓鼠之轮 ON EST FOUTU, ON PENSE TOUJOURS TROP

之口，他使用寓言的方式向那些对小麦种植知之甚少的渔民说了这些话。寓言是一种可以使用儿童的语言进行讲述的故事。这就是为什么我们甚至在他被钉死在十字架后还能看到他。事实上，死去的只是他的自我意识——头脑中的仓鼠，而不是他本身。

当他在耶路撒冷的希嫩山谷里逗留并重回大众视野之后，头脑中的小怪兽就已经不见了。那只寄生虫消失了。毫无价值的喋喋不休结束了。这个人高兴得要飘起来了。他像重获了新生。不过事实确实如此，胡斯静默之后，我们有一种真正存在的感觉。耶稣曾在一个村庄的婚礼上，命人将空缸装满水，然后他将水变成了美酒。他是否在缸中某处藏匿了晶体香精，直到今天也不得而知，但不得不承认他调配的美酒的口感非常到位，因为村民们喝了还想喝。他还让盲人看到了自己头脑中的仓鼠。即使到了今天，我们即便用现代的设备也无法做到这一点。

但是，人们爱慕他更多的是因为他的复活。他借此方式揭开了自我意识消失的神秘面纱，向人们展示了生命只有在胡斯消失后才会真正绽放，哪怕只有两三天的时间。不再掺杂任何自我意识成分的生命，只要在那里，就会散发静谧和美好的光芒，身边的人就会注意到，并对此感到诧异。

本书的撰写已经接近尾声，我依然简短地谈论了一下关于复活的问题，目的就是让你明白，在自我意识消失的头脑中会有一个灿烂耀眼的存在将其取代。

未来，属于终身学习者

我们正在亲历前所未有的变革——互联网改变了信息传递的方式，指数级技术快速发展并颠覆商业世界，人工智能正在侵占越来越多的人类领地。

面对这些变化，我们需要问自己：未来需要什么样的人才？

答案是，成为终身学习者。终身学习意味着永不停歇地追求全面的知识结构、强大的逻辑思考能力和敏锐的感知力。这是一种能够在不断变化中随时重建、更新认知体系的能力。阅读，无疑是帮助我们提高这种能力的最佳途径。

在充满不确定性的时代，答案并不总是简单地出现在书本之中。"读万卷书"不仅要亲自阅读、广泛阅读，也需要我们深入探索好书的内部世界，让知识不再局限于书本之中。

湛庐阅读 App：与最聪明的人共同进化

我们现在推出全新的湛庐阅读 App，它将成为您在书本之外，践行终身学习的场所。

- 不用考虑"读什么"。这里汇集了湛庐所有纸质书、电子书、有声书和各种阅读服务。
- 可以学习"怎么读"。我们提供包括课程、精读班和讲书在内的全方位阅读解决方案。
- 谁来领读？您能最先了解到作者、译者、专家等大咖的前沿洞见，他们是高质量思想的源泉。
- 与谁共读？您将加入优秀的读者和终身学习者的行列，他们对阅读和学习具有持久的热情和源源不断的动力。

在湛庐阅读 App 首页，编辑为您精选了经典书目和优质音视频内容，每天早、中、晚更新，满足您不间断的阅读需求。

【特别专题】【主题书单】【人物特写】等原创专栏，提供专业、深度的解读和选书参考，回应社会议题，是您了解湛庐近千位重要作者思想的独家渠道。

在每本图书的详情页，您将通过深度导读栏目【专家视点】【深度访谈】和【书评】读懂、读透一本好书。

通过这个不设限的学习平台，您在任何时间、任何地点都能获得有价值的思想，并通过阅读实现终身学习。我们邀您共建一个与最聪明的人共同进化的社区，使其成为先进思想交汇的聚集地，这正是我们的使命和价值所在。

CHEERS

湛庐阅读 App 使用指南

读什么
- 纸质书
- 电子书
- 有声书

怎么读
- 课程
- 精读班
- 讲书
- 测一测
- 参考文献
- 图片资料

与谁共读
- 主题书单
- 特别专题
- 人物特写
- 日更专栏
- 编辑推荐

谁来领读
- 专家视点
- 深度访谈
- 书评
- 精彩视频

HERE COMES EVERYBODY

下载湛庐阅读 App
一站获取阅读服务

On est foutu, on pense toujours trop by Serge Marquis

Copyright © Flammarion, Paris, 2022.

Simplified Chinese edition arranged through Dakai-L'Agence.

This copy in simplified Chinese can be distributed and sold in PR China only, excluding Taiwan, Hong Kong and Macao.

First print: 5000 copies

All rights reserved.

本书中文简体字版经授权在中华人民共和国境内独家出版发行。未经出版者书面许可，不得以任何方式抄袭、复制或节录本书中的任何部分。

版权所有，侵权必究。

图书在版编目（CIP）数据

跳出仓鼠之轮 /（加）谢尔盖·马奎斯
（Serge Marquis）著；刘金花译 . -- 杭州：浙江教育
出版社，2024.8. -- ISBN 978-7-5722-8623-0

Ⅰ . B848.4-49

中国国家版本馆 CIP 数据核字第 2024VJ2280 号

上架指导：心理健康 / 个人成长

版权所有，侵权必究
本书法律顾问　北京市盈科律师事务所　崔爽律师

浙江省版权局
著作权合同登记号
图字：11-2024-279号

跳出仓鼠之轮
TIAOCHU CANGSHU ZHI LUN

[加] 谢尔盖·马奎斯（Serge Marquis） 著
刘金花　译

责任编辑：	胡凯莉
美术编辑：	韩　波
责任校对：	刘姗姗
责任印务：	陈　沁
封面设计：	薄荷设计

出版发行：浙江教育出版社（杭州市环城北路 177 号）
印　　刷：唐山富达印务有限公司
开　　本：880mm×1230mm　1/32
印　　张：5.25　　　　　　　　字　　数：117 千字
版　　次：2024 年 8 月第 1 版　 印　　次：2024 年 8 月第 1 次印刷
书　　号：ISBN 978-7-5722-8623-0　定　　价：69.90 元

如发现印装质量问题，影响阅读，请致电 010-56676359 联系调换。